잠이란 무엇인가

잠과 꿈의 세계를 더듬는다

마쓰모토 준지 지음
오영근 옮김

전파과학사

처음에

최근 일본에서 번역 출판된 『밤을 새우는 사람, 자는 사람』(오오구마(大態輝雄)역, 1975년)의 저자 데멘트 박사는 그 책의 "독자를 위한 안내"란에서 다음과 같이 말하고 있다.

"거리 모퉁이의 신문 판매대에서 파는 잡지의 (꿈을 꾸시오, 그러면 맑은 정신을 얻게 됩니다—라는 식의) 센세이션한 기사와 〈수면〉과 〈꿈〉에 관한 과학적 문헌 사이에는 큰 간격이 있다. 수면에 관한 한 일반인을 위한 책, 추천해서 해가 되지 않을 책은 거의 없다. 또 학자의 입장에서 이 문제를 취급한 책 중에 일반인을 위한 책이라고 할 만한 책 역시 거의 없다고 볼 수 있다."

나도 이미 잠과 꿈에 관해서는 두 권의 책을 썼지만 역시 두 권 모두 일반 독자를 위한 것이라고 할 수 없고, 이번에 고오단사(講談社)로부터 블루백스의 집필 의뢰를 받은 것을 기회로 일반인을 위해 써 보려고 시도한 것이다. 데멘트 박사도 과학적인 문장을 일반 사람들의 흥미를 끄는 어구로 말하는 문학적 연금술(鍊金術)은 매우 불유쾌하고 힘들다고 말하고 있다. 나로서도 그런 연금술을 사용하지 않고 어떻게 해서든 흥미를 끌수 있는 방법이 없을까 생각해 본 것이다.

그런 생각을 하고 있던 차에 일본에서 대뇌생리학(大腦生理學)의 개척자인 고(故) 하야시 다까시(林髞) 선생이 내가 아직도 의학부 학생이던 때에 쓰신 『생리학 왜, 왜 그런가 하면』이라는 책을 읽고 쉽게 생리학과의 간격을 좁힐 수 있었던 옛일을 생각해 낸 것이다. 그렇다. 보통의 기술식(記述式)으로 쓰면 연금술을 사용해야 될지도 모르지만 문답식(問答式)으로 쓴다면 연구자의 딱딱한 표현을 사용하지 않아도 좋으리라 생각하였다. 그러나 막상 일을 벌려보니 "왜, 왜 그런가 하면" 식으로 밀고 나간다는 것은 무리였음을 알게 되었으며, 사실상 데멘트 박사가 말하는 연금술에도, 또한 하야시 선생의 책에도 해설적인 부분이 여러 군데 있었던 것을 생각하고 나서야 나 스스로 천학비재(淺學菲才)였음을 변명해 보는 것이다.

역시 일본에서도 최근에 잠과 꿈에 관하여 일반 독자층을 위한 책이 두세 권 발행되었지만 어느 책이든 조금씩은 부족한 곳이 있는 것을 알고 타산지석(他山之石)으로 삼았다. 이 책 역시 현재까지 해결되지 않은 문제에 대해서는 나 나름대로의 의견을 말한 것이기 때문에 읽은 후 좋은 의견을 얻는다면 더욱 다행으로 생각하는 바이다.

차례

1. 잠의 세계

잠이란 무엇인가

옛날에는 겉으로 보아 눈을 감고 씩씩 숨을 쉬며 축 늘어졌으면 잠을 자는 것으로 알았는데, 이런 상태는 얼마든지 흉내낼 수 있다. 소위 "자는 척"하는 것이기 때문이다.

전쟁 중에 특히 이런 경험을 해본 사람이 많은 것으로 생각되는데, 나도 경험이 있다. 몹시 피로한 상태로 먼 거리를 강행군하고 있을 때 잠이 와서 어쩔 수 없지만 그래도 기를 쓰고 걸어간다. 깜빡 의식을 잃었다가 다시 정신을 차렸을 때 자신이 아직도 대열에서 벗어나지 않고 걷고 있는 것을 알아차리고 놀란다. 아무리 해도 자면서 걸었다고는 생각되지 않는다. 필경 그 모습을 다른 사람이 보았다면 잔 것으로 생각하지 않았을 것이다.

어째서 그것이 잠이라고 판단되는가 하면 오늘날 수면(睡眠)의 정도는 모두 뇌파(腦波)를 중심으로 해서 안구(眼球)의 움직임, 근육의 긴장 등에 의해서 결정되기 때문이다. 말하자면 옛날에는 잠이라면 호흡, 눈, 근육으로 판단되었지만 지금은 뇌파, 눈, 근육의 변화로 판정된다는 이야기다.

그러면 그 판정방법에 관하여 좀 더 자세히 설명하자. 뇌파라는 것은 "뇌에서 나오는 전파(電波)"가 아니라 뇌의 두 점 사이의 전위차(電位差)의 변동을 말한다. 정식으로는 뇌전도(腦電圖, EEG, electroen-cephalogram)라고 하며, 그 전기적 단위는 심전도(心電圖)나 근전도(筋電圖)와 마찬가지인 것이다. 사람의 경우에는 머리카락을 손가락으로 헤쳐 전극판이 직접 피부에 닿을 수 있도록 두피(肚皮)를 알코올로 닦은 다음 직경 1cm 정도의 전극판에 전도성(傳導性)이 좋은 풀을 발라 두피에 붙인다. 그 위에 다시 화학물질인 콜로디온으로 적신 솜을 대고 장착시킨다. 이렇게 장착한 여러 개의 전극판에서 나온 리드선을 폴리그래프 장치에 접속시킨다. 폴리그래프는 상하로 움직이는 펜이 전위의 변화에 따라 작동되고 그 작동되는 폭이 전위를 나타내므로 그것이 한쪽 방향으로 돌아가는 기록지 위에 파형(波形)으로 기록되는 것이다. 뇌전도의 기록 패턴은 심전도와 같이 날카로운 가시 모양이 아니고 둥그스름한 물결 모양이 되기 때문에 "뇌파(뇌의 물결)"라고 불릴 뿐이다. 그러나 마이크로볼트(100만분의 1볼트)라고 하는 극히 작은 전압의 단위이어서 증폭(增幅)을 하지 않으면 안 된다. 이 뇌 물결의 모양이라든가 주파수가 잠의 수수께끼를 풀기 위한 연구대상으로서 각광을 받고 있는 것은 다 아는 사실이다.

사람과 달리 동물의 경우 뇌의 깊은 부위의 뇌파를 기록할 수 있고, 그러기 위하여 뇌정위고정장치(腦定位固定裝置)를 사용한다. 이 장치는 동물 뇌의 가로, 세로 및 깊이를 결정할 수 있어서 원하는 뇌 부위에 정확하게 전극을 삽입하고 고정할 수 있는 기계이다. 뇌 연구를 하는데 가장 편리한 동물은 고양이인데 개는 머리 모양이 길고 둥근 것 등 여러 가지 형상이 많지만 고양이는 어느 나라의 것이라도 거의 같은 형상을 갖고 있어서 세계 공통으로 연구 재료로 쓰일 수 있기 때문이다.

안구(眼球) 운동을 기록하는 것을 안구전도(眼球電圖, EOG)라고 하여 〈그림 1〉과 같이 기록용 전극을 반창고로 눈 주위에 부착시키는 위치에 따라 각 방향의 움직임을 알 수 있게 되어 있다. 안구는 각막과 망막 사이에서 전위차를 가진 작은 전지(電池)와 같은 것이므로 안구가 움직이는 것에 따라 전위차가 계속 변화하여 그것이 기록되어 나타난다.

근육활동의 전기적 변화도 비슷한 방법으로 근육 위에 전극을 붙여 두 점 사이의 전위변동을 기록한다. 이것을 근전도(筋電圖, EGM)라고 하며 동물의 경우는 목의 근육에 전극을 꽂거나 혹은 마취했을 때 외과용의 봉합침(縫合針, 양쪽 끝을 납땜하여 고리모양으로 만든 것)을 꽂아 리드선을 접속하는 방법을 쓰는데 우리는 흔히 나중 방법을 쓰고 있다.

우리가 사람을 실제로 기록할 때는 어떻게 하는가? 피검자로하여금 보통 자는 시간보다 한 시간 정도 일찍 연구실에 오도록 하여 이상과 같은 기록장치의 준비가 모두 끝나면 자유로이 아침까지 자도록 하는 것이다. 우리는 피검자가 자고 있는 상태를 관찰해야 하기 때문에 그동안은 한잠도 잘 수 없다. 생각하기에 따라서는 사람보다 동물의 수면을 기록하는 편이 더 어렵다고 할 수 있다. 왜냐하면 인간의 수면은 보통 24시간 중에 한 번 뿐이지만 동물의 경우는 그 사이에 단속적으로 수십 번을 자기 때문에 실험할 때는 24시간 내내 깨어 있지 않으면 안 되는 것이다. 어느 대상이든 간에 상대가 잘 때를 기다려 그가 자는 모습을 반투명한 유리창을 통하여 보면서 앉아 있어야 하기 때문에 수면 연구자들은 동물을 괴롭히는 죄로 오히려 벌을 받고 있는 것이 아닌가 생각할 때가 있다.

사람의 잠은 밤새 내내 똑같은가

누구라도 자고 있을 때에는 "자기가 지금 잘 자고 있다"고 의식할 수 없다. 그러므로 자고 난 다음 눈을 떴을 때에 자기 전의 일이 생각날 뿐인 것이다. 그런데 자고 있는 사람을 다른

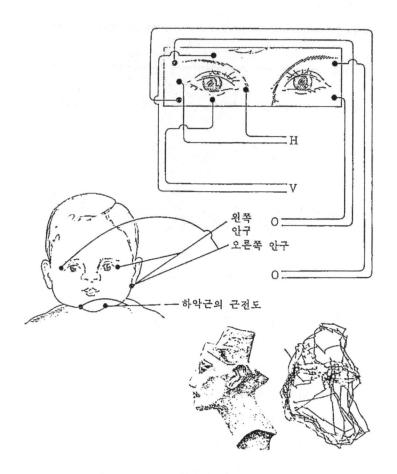

〈그림 1〉 안구운동을 기록하는 방법(무례, 1964년). 그림에서 H조합으로 기록한 근전도에서는 수평, V에서는 수직, O에서는 사선 방향의 근육운동을 볼 수 있다. 간략법은 중간 그림과 같이 좌우 안구의 안구 전체와 근전도가 나타난다(앤더스, 1971년). 특히 유아인 경우는 이 방법이 실용적이다. 밑의 그림은 어른이 물체를 보고 있을 때의 안구운동을 추적한 그림이다. 이와 같이 안구는 규칙정연하게 움직이고 있다([사이언스 별책] 이미지의 세계, D. 노턴과 L. 스터크스[1975년]의 논문에서 인용)

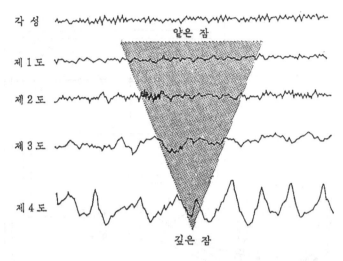

<그림 2> 뇌파기록에 의한 사람의 서파수면의 분류

사람이 보면 코를 골기도 하고 이도 갈고 잠꼬대도 하고 몸을 척이기도 하여 결코 점잖지만은 않은 것이 사실이다. 실제로 얌전한 상태는 잠이 든 직후뿐이라고 말할 수 있다.

1929년에 뇌파가 발견되어 잠이 뇌파에 의해서 정의됨으로써 지금에 와서는 잠은 크게 두 가지로 분류되고 있다. 하나는 "서파수면(徐波睡眠)" 또 하나는 "역설수면(逆說睡眠)"이라고 하는 것이다('1-3. 왜 역설수면이라고 하는가' 참조).

서파수면은 뇌파 패턴(類型)의 변화에 의거하여 제1도에서 제4도까지 4단계로 나뉘며, 잠의 깊이는 제1도부터 점차 깊어져 제4도가 제일 깊은 잠을 의미한다(그림 2 참조).

사람의 하룻밤 경과를 추적해보면 먼저 잠을 자기 시작할 때는 서파수면 제1도가 되고 그때까지 줄곧 각성상태를 나타내던 알파파(8~13헤르츠)가 깨지면서 뇌파는 전반적으로 진폭이 낮

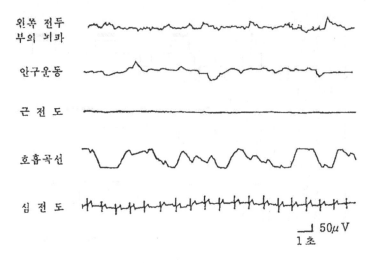

왼쪽 전두
부의 뇌파

안구운동

근 전 도

호흡곡선

심 전 도

$50\mu V$
1초

〈그림 3〉 사람의 역설수면

아지게 된다.

계속해서 제2도가 되면 방추파(紡錐波, 12~14헤르츠)라고 하는 그야말로 문자 그대로 방추형으로 진폭이 점차 커지게 되고, 또 작게 나타나는 파도 있게 되며, 또한 'K복합파'라고 하는 매우 분명하면서 특징적인 파도 나타난다. 제3도가 되면 기록용지(한 절의 폭은 30cm)의 반 이하를 차지하는 델타파(3.5헤르츠 이하의 파)가 나타나게 되고, 그 반 이상을 차지하게 되면 제4도가 되는 것이다.

잠이 깊어져 제4도가 되면 그 후 다시 제3도, 제2도, 제1도의 순으로 원상태로 돌아간 다음 역설수면으로 이행해 가는 것이다. 이와 같이 역설수면은 특수한 경우를 제외하고는 반드시 서파수면이 있은 뒤에 나타나는 것으로서 잠이 들었다고 해서 곧 역설수면이 일어나지 않는 것이 보통이다. 〈그림 3〉은 사람

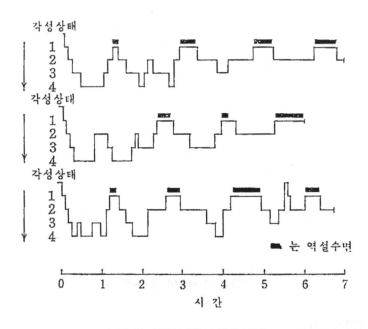

〈그림 4〉 사람의 정상수면의 과정

의 역설수면인데, 뇌파는 서파수면의 제1도와 비슷하고 빠른
안구의 움직임을 볼 수 있다. 근전도는 하악(下顎)의 이근(頤筋)
에 부착된 전극에서 기록한 것으로서 역설수면 때는 소멸하고
만다. 기타 맥박수는 증가하고 호흡은 낮고 불규칙하게 되는
것이다.

　하룻밤의 수면의 경과를 그래프로 표시하면 〈그림 4〉와 같이
된다. 자기 시작해서 우선 서파수면이 나타나고 그 후에 역설
수면이 생기게 된다.

　이 그래프에서 약간 눈여겨 볼 것이 있다. 굵고 검은 선으로
표시된 역설수면이 비교적 규칙정연하게 일어나고 있음을 볼

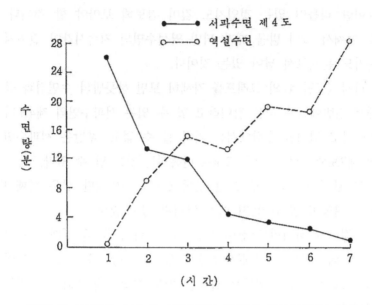

〈그림 5〉 7시간의 수면 중 서파수면의 제4도와 역설수면과의 관계
(웹, 1969년)

수 있지 않은가. 그리고 예외는 있지만 대체로 날이 밝을 때 최후의 역설수면의 시간이 가장 오래 지속되는 것처럼 보인다.

이 역설수면 현상을 보고 미국의 하르트먼은 역설수면의 주기는 90분(즉 1시간 30분)마다 일어난다고 주장하였다. 이것을 다시 연장시켜 주간에 사람들이 깨어 있을 때도 이것과 유사한 주기가 있다고 주장하는 학자도 있지만, 이것은 가설의 단계에 불과한 것으로 실증되지는 않고 있다. 만약 이 가설을 주장한다면 각성, 수면에 관계없이 보다 더 기본적인 생명 활동의 리듬이 있느냐 없느냐를 먼저 증명하지 않으면 안 될 것으로 보인다. 그리고 그보다도 자는 동안에 어째서 하필 이와 같이 90

분이란 리듬이 있는 것인지도 깊이 검토해 보아야 할 것이다. 또 어째서 날이 밝을 때가 되면 역설수면의 지속시간이 길어지는가도 문제로서 남아 있는 것이다.

다시 〈그림 4〉의 그래프를 자세히 보면 하룻밤의 수면경과 중에서 전반에서는 깊은 잠이라고 할 수 있는 서파수면의 제4도가 일어나고 있지만 후반에서는 거의 볼 수 없고, 후반은 서파수면의 제2도와 역설수면이 교대로 반복되는 것을 알 수 있다.

그 관계를 그래프로 그린 것이 〈그림 5〉이지만 실은 어째서 이런 현상이 일어나는지 아직 알려져 있지 않다.

그렇다고 하더라도 잠이 드는 때로부터 눈을 뜰 때까지의 자는 상태는 얼핏 보기에는 조용히 생명이 영위되는 것으로 보이지만 그 사이에 일어나는 활동은 매우 복잡하게 변화하고 있는 것이다.

그래서 거기에 어떠한 리듬이나 어떤 법칙적인 변동이 있다는 사실까지는 증명되고 있지만 그것뿐이며, 아직까지는 연구단계로서 그 기전을 해명해 보려고 하는 의욕이 우리들 수면연구자의 가슴 속에 용솟음치는 형편인 것이다.

왜 역설수면이라고 하는가

이 수면이 발견된 경위에 대해서는 최근에 번역 출판된 데멘트의 『밤새우는 사람, 자는 사람』에 자세히 쓰여 있다. 그 책에서는 우연히 발견되었다고 되어 있다. 시카고 대학의 클레트먼 박사는 일찍부터 갓난아기가 잘 때 눈알이 아주 잘 움직이는 것을 이상하게 생각하였다. 그것이 잠의 깊이와 성질에 관계가 있는 것인지 없는지를 확인하기 위해서 대학원생인 아젤린스키

에게 연구해 보도록 지시하였는데, 그 당시 데멘트도 의과대학
학생으로 같이 연구에 참가하게 된 것이다. 관찰해본 결과 예
측했던 것에 비해 안구운동은 굉장히 빨랐고, 또 동시에 뇌파
의 패턴에도 특징적인 변화가 나타나며, 호흡도 변화한다는 사
실을 발견하였다.

　당시에는 일반적으로 ‘수면이란 신경계의 기능이 저하 혹은
억제된 휴식, 정지의 상태인 것’으로 여겨졌기 때문에 이렇게
활발하게 눈알이 움직이고 동시에 여러 가지 변화가 나타난 것
은 연구자들을 크게 놀라게 하고도 남았을 것이다.

　연구자들이 그 다음으로 추측한 것은 이런 안구 운동이 어떤
때는 필경 꿈을 꾸고 있기 때문에 나타나는 현상이 아닌가 하
는 것이었다. 그리하여 그들은 한밤중에 안구가 빨리 움직일
때 피검자를 깨워서 꿈을 꾸고 있었는가 아닌가를 확인해 보았
다. 그리하여 한 때는 “꿈”을 꾸는 방법에까지 흥미를 두게 되
고 급기야는 꿈을 완전히 해석할 수 있다고까지 생각했다. 그
러나 그 기전을 깊이 연구함에 있어 인간을 대상으로 하는 데
까지는 이르지 못하고 또한 고양이를 실험동물로 삼아 시험해
본 결과 역시 같은 현상이 일어나고 있음을 발견하게 되었다.
데멘트는 우선 이 수면에 “부활수면(復活睡眠)”이란 이름을 붙
였다.

　그 의미는 종래와 같은 “조용한 수면”, 즉 뇌기능이 억제된
상태가 아닌 오히려 뇌가 부활된 상태에 있다고 하는 데서 연
유한 것이다.

　그러나 그 후 프랑스의 주베 박사가 수면 때에 목의 근전도
의 긴장이 동시에 없어지는 현상을 발견함으로써 이것은 부활

된 상태뿐만 아니라 억제된 현상도 볼 수 있으므로 이 명칭은 부적당하다고 해서 새로이 "역설수면"이라는 이름을 붙였다. 이 는 그 때의 뇌파 패턴이 어떻게 보면 눈을 뜬 상태의 것으로 판단되지만 실제로는 그렇지 않고 역시 자고 있다고 하는 역설 (파라독스)이라는 데서 연유된 이름인 것이다.

예를 들어 〈그림 6〉은 우리가 실험해본 흰쥐의 수면, 각성의 모습이다. 역설수면의 뇌파는 그 전의 수면시의 뇌파와는 전연 달라서 오히려 후에 각성했을 때의 뇌파와 비슷한 것을 알 수 있다.

이러한 역설수면에 비해서 지금까지 보통의 잠이라고 생각되 었던 잠은 진행됨에 따라 뇌파가 느릿느릿한 물결인 서파(徐波) 로 변하기 때문에 이것을 "서파수면"이라 부르기로 한 것이다.

여기에서 우리는 드디어 지금까지 한 종류라고만 생각해 오 던 수면을 서파수면과 역설수면의 두 가지로 나눌 수 있게 된 것이다. 그런데 이와 같은 사실은 고양이나 흰쥐 등 동물의 잠 에서 나타난 것이었고 다시 발전시켜 사람에 대한 실험이 추진 되어 온 것이다. 그러나 또 귀찮은 일은 연구가 깊이 진행됨에 따라 역설수면의 역설이 성립되지 않게 된 것이다. 사람의 서 파수면을 자세히 조사해 보면 4개의 단계로 나눌 수가 있다. 그리고 역설수면인 경우 사람의 뇌파는 각성시의 뇌파보다도 서파수면 제1도의 뇌파를 더 닮은 것을 알 수 있다.

그리하여 국제적인 수면연구자의 모임인 APSS(Association for the Psychophysiological Study of Sleep, 수면심리생리 학회, 1961년 창립)에서 사람의 역설수면을 가리켜, 어떻든 빠 른 안구운동이 나타난다는 사실로 미루어 "REM(렘수면, Rapid

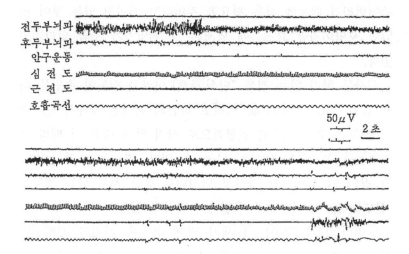

전두부뇌파
후두부뇌파
안구운동
심 전 도
근 전 도
호흡곡선

50μV
2 초

〈그림 6〉 흰쥐의 수면과 각성의 과정. 상단의 뇌파가 갑자기 작아지는 점에서
　　　　서파수면으로부터 역설수면에 들어가고 하단의 근전도가 갑자기 커질
　　　　때 눈을 뜬다(마쯔모도 등, 1967년)

Eye Movement, 급속안구운도)"이라고 부르기로 하였다. 그리
고 서파수면은 REM이 없으므로 "NREM"(Non-렘)이라 부르기
로 통일한 것이다. 따라서 현재에는 사람의 수면에 대해서는
NREM수면과 REM수면으로 나누고, 동물의 경우에는 자유로이
부르지만 역시 전반적인 경향에서 본다면 서파수면과 역설수면
으로 나누어 연구하는 학자가 많은 것으로 생각된다. 그러나 이
책에서는 하나하나 이름을 나누는 것이 귀찮기 때문에 사람도
동물도 통틀어 서파수면, 역설수면이라 부르기로 한다.

자지 않으면 어떻게 될까

과거 수면에 관한 전문적인 책에는 동물을 자지 못하게 하면 죽어버리기 때문에 잠은 필요한 것이라고 씌어져 있는 것이 많았던 모양이지만 요즈음에 와서는 그 뉘앙스가 조금 달라지고 있다.

식사를 하지 않는 것을 "단식(斷食)"이라고 하듯이 수면을 하지 않는 것을 "단면(斷眠)"이라고 하는데 이것은 강제적으로 자지 못하게 하는 경우와 실험적으로 자지 않게 하고 이 때의 생리기능을 조사하는 경우로 나눌 수 있다. 자신은 자려고 하지만 잠이 안 온다든가 자신의 의지대로 잠을 자지 않는 경우는 "불면(不眠)"이라는 말로 구별하여 말하고 있다.

단면실험(斷眠實驗)은 19세기 말에 동물을 가지고 시행되었다. 강아지를 4~6일 간 잠을 못 자게 하니 죽어 버렸는데 그 때의 체온은 섭씨 4~5℃ 정도 떨어졌다고 한다. 또 어미 개 세 마리를 각각 9일, 13일, 17일간 못 자게 한 결과 체온이 35℃로 떨어져 죽었다(개의 체온은 보통 37~38℃)고 하는 보고가 있다.

이 두 개의 실험 성적이 매우 충격적인 것이었는지는 몰라도 잘 알려지게 되어 수면이 어째서 동물의 생명에 불가결한 것인가가 너무 강조된 나머지 좀 신경질적인 사람의 마음을 건드려 소위 "불면 노이로제"를 조장하는 결과를 초래케 되었던 것이다.

그런데 이 두 개의 연구보고가 틀린 것으로 밝혀졌다. 20세기에 들어와서 같은 방법으로 개를 가지고 실험해본 보고에 의하면 505시간 동안 잠을 재우지 않았는데도 개는 죽지 않았다. 그러나 그 개를 해부하여 조사해 보니 뇌 신경세포에 변성(變性)이 있음이 인정되었다고 한다.

그 밖의 동물을 보더라도 토끼는 6~31일간 잠을 재우지 않으면 극도로 기면(嗜眠) 상태가 되어 체온이 4℃ 내지 5℃ 정도 떨어지고 맥박과 호흡도 느려지기는 하지만 죽지는 않았다. 흰쥐의 경우 3일~14일 동안 재우지 않았더니 죽었지만 그것은 자연사(自然死)가 아니라 서로 싸움을 하여 약한 놈부터 죽게 된 사고사(事故死)였다는 사실을 발견하였다.

기타 흰쥐에서 정반대의 결과를 보인 보고가 있다. 정반대의 결과라 함은 잠을 재우지 않은 것을 오히려 좋아하는 듯한 영향(결과)를 얻었다는 뜻인데, 흰쥐를 48시간 재우지 않았을 때 보통으로 자게 한 흰쥐보다 학습능력이 더 좋아졌다는 것이다. 또한 24시간 중에서 20시간은 눈을 뜨고 있게 하고 나머지 4시간은 자유로이 자도록 방치하여 두게 되면 이런 상태로 몇 주일간을 두더라도 아무렇지 않고 건강하였다는 보고도 있다.

우리는 이렇게 동물로 하여금 장시간 잠을 못자도록 하는 잔혹한 실험을 하지 않지만 한번은 흰쥐를 4시간 동안 "체바퀴(路車)"에 넣고 강제로 뛰도록 하여 피로와 수면의 관계를 조사해 본 적이 있다. 그때 나이가 좀 많은 흰쥐와 나이가 어린 흰쥐를 관찰했는데 어린 쥐는 4시간 정도는 끄떡없이 뛰었지만 늙은 흰쥐는 도중에서 찍찍 울어대고 코에서 피가 나오기도 하였다. 운동이 끝나고 자유로이 방치하여 두니 모든 흰쥐는 보통의 잠인 서파수면은 빨리 일어났지만 역설수면은 늙은 흰쥐 쪽이 훨씬 늦게 일어나는 것을 발견하였다. 어린 흰쥐일수록 피로에 대한 저항력이 강한 이유는 어린 흰쥐가 저산소압(低酸素壓)에 대한 저항력이 더 강하기 때문이 아닌가 생각된다.

이 성적을 사람에게 비추어 본다면 스포츠에 단련되어 저산소압에 대한 저항력이 강한 사람일수록 철야(밤새우는 일)와 같은 불면으로 인해서 뇌의 기능이 저하되는 일이 별로 없다는 이야기가 되는 셈이다. 밤을 새워가며 마작을 하면서 승부를 겨루는 일은 체력의 차이라고 하는 말도 일리가 있고, 우리도 수면을 연구하면서 어떤 때는 철야실험을 하지 않으면 안 될 때가 있지만, 그래도 끝까지 견디는 것을 보면 학생시절에 수영부 생활에서 단련된 체력 덕분인가 싶어 감사하고 있는 것이다.

이상은 모두 동물에 대한 실험결과를 가지고 한 이야기들인데 방향을 돌려 사람에 대한 실험을 보게 되면 매우 다른 것을 알 수 있다.

사람을 이용해 최초로 단면실험을 한 것은 19세기말쯤이다. 20대 후반의 청년 세 사람이 90시간 동안 자지 않고 견디어 낸 것이다. 그 결과 감각, 반응속도, 운동속도, 기억력, 계산력 등이 둔해지기는 했지만 단면이 끝나고 곧 12시간 동안 잠을 자고나니 다시 정상으로 되돌아갔다고 한다. 그 중 한 사람에게 이틀 밤 째 되는 날 환시(幻視)가 일어나고 체온이 떨어지는 정도의 이상이 생겼지만 체중은 오히려 증가되었다고 한다.

그 후 많은 연구자가 사람을 재우지 않는 실험을 하여 왔지만 대체로 재우지 않는 시간이 길면 길수록 나타나는 장애의 정도가 심해지는 것을 볼 수 있었다. 예를 들면 275명을 112시간 동안 잠을 재우지 않았더니 그 중에는 급성 정신분열증과 같은 증상이 나타난 사람이 생겼고, 또한 220시간 동안 재우지 않으니 틀림없이 정신이상 상태였는데 14시간 동안 계속 잠을 자도록 하였더니 완전히 정상 상태로 회복되었다는 보고가 있다.

많은 연구 성적을 종합해 보건대 "완전한 단면이 100~120시간 계속되면 '단면정신이상증'을 피할 길이 없다"는 결론을 얻을 수 있는데 이것은 가령 자기 자신이 전혀 다른 인간이 되어 버렸다고 하는 불안 때문인지는 몰라도 친구에게 자기라는 것을 주장하고 싶어진다거나 혹은 자기가 로봇 인간이 되어버렸다고 생각하는 양상이다. 그 외엔 자기의 몸이 굉장히 커졌다고 말하기도 하고 어떤 때는 정반대로 작아졌다고 말하는 등 체격의 변화를 호소하는 때가 많다는 것이다.

어떤 때는 단면을 한 병사에게 그의 대장의 이름을 대보라고 하니 "그 사람 결혼했다"는 등 횡설수설하기도 하고, 자기는 대사관에서 파견된 밀사(密事)라고 하기도 하고, 누군가 자기에게 위험한 해를 가하려고 한다면서 느닷없이 공격적인 성격이 되기도 하고, 또 어떤 때는 어머니나 여자 친구가 보고 있다는 등의 말을 하기도 하는 것이다. 이런 것들은 모두 정신분열증과 같은 상태에서 볼 수 있는 것이지만 단면 후에 자유로이 자도록 하면 곧 없어져버리고 정상으로 돌아간다.

일본에서는 1967년에 23세의 청년에게 101시간 동안 단면 실험을 행한 보고가 있는데 그 결과를 보면 3일째 되는 날부터 몹시 잠이 와서 도저히 자기의 의지만으로는 이겨내지 못할 것처럼 보였다. 그는 3일이 지난 후에 환시(幻視), 착시(錯視)가 일어나는 정도였다고 한다.

현재까지 알려진 것으로서 단면시간의 세계 최장 기록은 264시간이다. 이 실험에 직접 입회한 바 있는 데멘트 박사에 의하면 그 경위는 다음과 같다. 미국 어느 고등학교의 과학제(科學祭)의 행사였다고 하는데, 이 실험은 이미 세워진 세계기록인 260시간을 깨기 위하여 랜디 가드너라는 17세의 소년이 264시간을 목표로 이미 80시간을 단면하고 있는 중이라는 신문기사를 읽고 이에 도전하였던 것이다. 데멘트는 친구와 함께 휴대용 뇌파계(腦波計)를 가지고 현장으로 달려갔다.

랜디는 친구 두 사람과 함께 단면을 하며 버티고 있었다. 도중에 연구자들이 참가하였기 때문에 감시는 오히려 더욱 엄격해져서 한밤중에 장시간 동안 눈을 감는 것조차 허용되지 않았다. 소년은 가끔 격한 어조로 이의를 제출하기도 하였다. 철야실험이 계속되면서 그의 단면시간이 길어짐에 따라 신문과 텔레비전이 관심을 갖게 되어 결국에는 이 실험은 공개적인 센세이션이 된 모양인데 이렇게 된 것이 오히려 이 청년에게는 더욱 용기를 내게끔 자극을 준 것이라고 생각되며 마지막 90시간 동안은 연구자들이 한 사람씩 교대로 소년과 함께 있었다고 한다.

어떻든 잠기를 없애기 위해서 몇 번이고 거리에 함께 나가기도 하였는데 마지막 날 밤 오전 3시에 소년과 데멘트는 거리에 나가 야구놀이라는 게임을 하였다. 결국 어느 게임을 하든 소년이 이김으로써 신체적으로나 정신활동에 있어서나 그 소년에게는 아무런 장애가 없었음을 볼 수 있었다고 한다.

소년은 이 긴 시간 동안의 실험이 끝난 후 기자회견을 가졌는데 이 자리에서 11일 간이나 눈을 뜨고 어떻게 참고 견디었는가 하는 질문에 대해 "그것은 오로지 어떤 일을 이겨내고야 말겠다는 정신력 때문이었다."고 간단히 대답하였다.

그는 정확하게는 264시간 12분 깨어 있었다. 도전이 끝난 후 잠을 잤는데 14시간 40분 자는 것만으로도 거의 원기를 회복하였고, 또 계속 24시간 동안 깨어 있다가 두 번째로 8시간 잠을 자고 난 후엔 완전히 정상 상태로 돌아왔다고 한다.

아무튼 11일간 자지 않고도 이 소년은 죽지 않았을 뿐만 아니라 그 동안에 정신이상으로 생각되는 증상도 볼 수 없었다. 다만 4일째 되는 날 "백일몽(白日夢)"을 본 것과 같은 기분을 보이기도 하고 깊은 의아심을 나타내기도 하며 조급한 표정을 짓기도 하였고, 신체적으로는 피로감을 보이고 손끝이 떨리고 눈꺼풀이 밑으로 쳐지는 등의 증상을 보였지만 실험이 끝난 1주일 뒤 이와 같은 신경학적 증상은 깨끗이 없어졌다.

이상의 실험성적으로 보면 동물을 오랫동안 재우지 않으면 죽는다는 말도 의심스럽고, 사람의 경우 11일간이나 재우지 않아도 죽지 않는 것도 확실하다. 어떤 짓궂은 사람은 만약 그이상 더 오랫동안 잠을 재우지 않으면 죽지 않을까 하고 생각할지도 모르지만 그와 같은 잔혹한 일을 무엇 때문에 해야 할까 싶다. 사실상 사람이 며칠 동안 조금도 자지 않을 일이 정상적인 사회생활에서 과연 일어날 수 있을까. 최근에 세계의사회의에서는 "고문 절대 반대"의 결의를 채택한 바도 있지만 그와 같은 이상한 사회가 되지 않도록 서로가 노력하고 감시하는 일이 무엇보다도 우선되어야 할 것이다.

동물도 잠을 자는가

인간을 동물학적으로 분류한 학명(學名)은 호모 사피엔스(사람)이며 사람은 잠을 자고 분명히 꿈도 꾼다. 나도 보통 사람에 속하기 때문에 틀림없는 일이다. 그리고 같은 포유류(哺乳類)인 개와 고양이도 자고, 조류인 닭도 잠을 잔다. 그러나 그 이하인 파충류, 양서류, 어류로 내려갈수록 의심스러워진다.

잠에 관한 연구가 지금처럼 왕성하게 되기 전까지만 해도 "고피질(古皮質)"을 갖고 있는 동물은 잠을 잔다고 하는 학설이

있어서 어류 이상의 동물은 모두 잔다고 알려져 있었다. 열대
어, 금붕어 등 여러 감상어를 기르는 사람은 물고기가 물속에
서 가만히 있는 상태를 가리켜 잠을 자고 있는 것으로 생각할
지 모르지만, 현재로서는 잠이란 모두 뇌파로서 결정지어져야
하는 것으로서 동물이 가만히 있다는 것만으로 잠을 잔다고 할
수 없다.

그러므로 뇌파로 판단하여 분명히 자고 있는 것으로 인정되
는 것은 파충류(뱀, 거북이, 도마뱀 등) 이상의 동물이며, 유감
스럽지만 양서류(개구리, 도롱뇽 등)는 잔다고 할 수 없는 것이
다. 실제로 개구리의 잠을 연구하고 있는 홉슨 박사는 나에게
보낸 편지에서 "only he is(있는 그대로 일뿐)"라고 하고 있다.
개구리는 자고 있는지 눈을 뜨고 있는지 확실히 알 수 없다는
것을 그냥 있는 그대로라고 표현하는데 이 영어의 뜻은 영어
특유의 뉘앙스가 있어서 재미있지만 일본말로는 번역하기가 어
려운 말이다. 생각해 보면 잠도 자고 꿈도 꾸는 사람에 있어서
도 혹 어떤 때는 이런 표현이 꼭 들어맞을 듯한 때가 있는 것
이 아닐까 생각된다.

결국 두 종류의 잠 중에서 서파수면은 양서류 이하의 동물에
서는 볼 수 없다는 얘기가 되는 것인데, 그렇다면 나머지 역설
수면은 어떤가 하면 역시 이것도 양서류 이하에서는 일어나지
않고 파충류 이상에서 볼 수 있는 것이다. 같은 파충류 중에서
도 거북이의 경우 볼 수 없지만 큰도마뱀의 경우 볼 수 있다고
한다. 그러나 그것도 눈알의 운동만이 일어날 뿐이며 뇌파는
변화가 없고, 있더라도 극히 작은 것이기 때문에 완전한 역설
수면이라고 할 수 없다는 학자도 있다. 〈그림 7〉은 큰도마뱀의

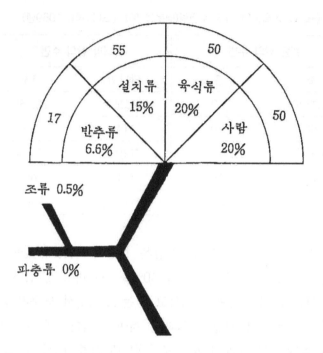

〈그림 7〉 계통발생학적으로 본 역설수면의 발현율. 반원의 바깥
쪽 수자는 각각 어렸을 때의 발현윤이다(주베 등, 1963년)

역설수면이 문제가 되기 전에 주베가 정리 작성한 도표이다.
조류의 역설수면은 극히 짧아서 길어야 15초 정도밖에 되지 않
고 그 때에도 포유류에서처럼 근육의 긴장이 완전히 없어지지
는 않는다고 하는 것이다. 〈그림 7〉에서 포유류의 경우 사람
이외의 많은 동물에서도 역설수면이 일어나고 있음을 볼 수 있
다. 원의 바깥쪽 숫자는 동물의 어릴 적 역설수면 발현율을 나
타내는 것인데 어느 동물이든 성장한 후에는 발현율이 감소되
어 있음을 볼 수 있다.
　〈표 1〉은 포유류에 속한 여러 동물의 하루 동안 자는 시간을

〈표 1〉 동물들의 하루 수면량(백분율 %). (스나이더, 1969년)

행동 상의 수면		뇌파 상의 수면	
소	3	당나귀	13
코끼리	19	모르모트	28, 50
말	29	흰쥐	50
고릴라	70	고양이	55, 68
고슴도치	75	토끼	60
박쥐	83	주머니쥐	80

백분율(%)로 표시한 것이다. 사람은 행동과 뇌파의 양면에서 볼 때 자는 시간이 하루 시간의 30%를 차지하고 있다. 이 표에서 코끼리는 동물원에서 기르고 있는 것으로서 연구자가 동물원에 숙박하면서 관찰한 결과인 것이다. 4마리의 코끼리에 대하여 합계 72시간의 수면을 조사했는데 그중 15살 코끼리와 35살 코끼리는 좀처럼 눕지를 않았으나, 5살짜리와 12살짜리 코끼리는 하룻밤에 2~4시간 동안이나 누워 있었다고 하며 그 중 약 3분의 2의 시간은 역설수면처럼 보였다고 한다.

이때 손과 발을 쭉 펴고 불규칙한 거센 호흡을 하면서 얼굴과 몸의 근육과 꼬리 등이 움칠움칠 움직이고 빠른 안구운동도 볼 수 있었다. 그 기간은 5살짜리 코끼리는 21분, 역설수면의 주기는 96분이었으며, 12살짜리 코끼리의 기간은 40분이고, 역설수면의 주기는 12분이었다고 한다.

동물에 따라 자는 방법도 다를까?

소, 면양 등의 초식동물(草食動物)은 수면시간이 짧다고 하는데 이것은 먹이를 먹는 시간이 많이 걸리기 때문이라고 한다. 토끼, 흰쥐 등의 설치류(齧齒類)는 일반적으로는 잘 자는 부류에 속하지만 하루 낮과 밤을 통하여 일어나는 역설수면의 양은 고양이의 절반에 불과하며 우리가 실험실에서 사용하는 집토끼의 경우 역설수면 시 기타 현상은 변화하지만 경근(頸筋)의 긴장이 좀처럼 없어지지 않고 있다. 이 점에서 토끼는 조류(닭, 비둘기)와 비슷한 것이다. 이와 같이 동물에 따라 잠을 자는 양상이 다른 사실에 관하여 여러 학자들의 설이 논의되고 있는 것이다.

예를 들면 민속학자인 리버스는 "동물의 위험에 대한 반응은, 만약 동물이 자고 있을 때 위험에 대해 대비할 수 있는 메커니즘이 있다고 한다면 매우 중요한 것임에 틀림없는 것이다. 그리고 만약 이 메커니즘이 눈을 뜨게 하는데 기여하는 것이라면 그 동물의 즉각적인 방위력을 증강시킬 수 있을 것으로 생각된다. 나는 꿈이 바로 이러한 역할을 하는 것으로 본다. 인간에게 있어 꿈의 기능이 어떻든 간에, 하등동물에 있어서의 꿈의 역할은 위험이 닥쳤을 때 동물로 하여금 눈을 뜨게 하고 위험에 대처하여 적당한 행동을 취하도록 하는 것이라고 추측된다"고 말하고 있다.

이것은 역설수면이 발견되기 이전인 1923년에 발표된 것인데 이와 같은 생각은 "파수설(把守說)"이라고도 하는 학설로서 스나이더도 1969년에 이 설을 주장하였다. 그 이유는 서파수면이 계속되고 있는 동안에 고양이를 깨우면 고양이의 시각 활

32

동이 느려지는데 이 현상은 사람에게도 마찬가지로 깊은 서파수면 시에 깨게 되면 뇌의 판단력이 둔화된다. 그러나 역설수면 직후에 깨워진 원숭이는 감각이 매우 예민하며, 사람은 역설수면과 서파수면 제2도에서 눈을 떴을 때 감각, 운동, 인식 능력이 높아지는 것이다. 이것은 낮잠을 자고난 후의 기분과도 관계되는 것이다(1-23. '낮잠에서 깼을 때 기분이 좋고 언짢은 것을 어째서일까' 참조).

그러나 스나이더 자신도 말하고 있듯이 이 학설에 대해서는 여러 가지 반론도 있다. 가령 동물의 경우에는 가장 깊은 잠에 들었을 때가 역설수면 때인 것이다. 그것은 자고 있는 동물을 깨우는데 필요한 자극의 강도(强度)로서 알 수 있는데 역설수면이 되었을 때 깨우려면 가장 강한 자극이 필요한 것이다. 다시 말하면 이때가 가장 깊이 잠에 들었을 때라는 사실로서 입증되는 것이다.

이와 같은 사실은 곧 역설수면에 들어갔을 때가 동물로서는 외부로부터의 자극에 대해서 가장 눈을 뜨기 힘든 때임을 의미하는 것으로서 "파수설"과는 전혀 상반되는 현상인 것이다.

그렇지만 사람의 경우는 동물과 달라서 같은 자극이라도 그 사람과 별 관계가 없는 사람이 깨우면 좀처럼 눈을 뜨지 않지만 관계가 있는 사람이 의미가 있는 자극을 가할 때에는 쉽게 눈을 뜨게 된다. 이러한 의미에서 본다면 역시 인간의 경우 역설수면은 변별이라든가 습관에 대한 어떤 특별한 정신활동의 상태에 있는 것이라고 보아야 할 것이다.

사람에게 이와 같은 특별한 활동이 나타난다는 사실은 "파수설"을 지지하게 한다. 하지만 포유류 중에서도 하등에 속하는 두더지와 햄스터(일종의 큰 쥐)에 역설수면이 많다는 사실은 동물의 뇌의 흥분성과 평행하지 않는다는 새로운 결과를 말해주는 것이기 때문에 "파수설"은 또 한 번 역행하게 된 것이다(두더지는 전체 수면 중 역설수면의 양의 24%, 햄스터는 23%로 사람의 경우와 같다).

그 외에 "적응설(適應說)"이라는 생각을 하는 학자도 있다. 이것은 방어력이 없는 약한 동물일수록 역설수면의 양이 적다는 것인데, 예를 들면 쥐나 토끼, 새 혹은 면양이나 소 등이 그런 것들이다. 이에 반해서 공격적인 개라든가 고양이는 역설수면의 양이 많은 것이다. 이렇게 생각해 본다면 사람도 공격성이 강한 동물에 속하는 셈이다. 이 결과에서 본다면 약한 동물은 깊게 잠들어서는 안 되기 때문에 가장 깊은 잠인 역설수면이 적어지게 되고, 결과적으로 생명유지의 본능에 따라 적응성을 나타내게 된다는 견해인 것이다.

그런데 여기에서 분명히 생각해두어야 할 것은 이상의 여러 동물로부터 얻은 모든 실험결과는 기록하기 위하여 수술을 하고 실험실에서 조사한 관찰결과이므로 자연 그대로의 야생상태에서 일어나는 수면에 대한 자료가 아니라는 점이다. 이 점에 대해서는 스나이더도 고려했고, 나도 이에 동의하는 바이지만 장래 텔레미터라든지 레이더 등의 전자공학의 발전에 힘입어 구속되지 않은 실험조건 하에서 검토할 수 있을 것으로 생각된다.

기타 역설수면과 꿈과의 관계로부터 꿈에는 시각상(視覺像)이 많다는 사실과 그 때 안구가 잘 움직인다는 사실을 연결시켜 역설수면의 양과 시각상을 전달하는 시신경의 주행과의 관계를 다시 조사해 본 학자가 있다(베르거, 1969년).

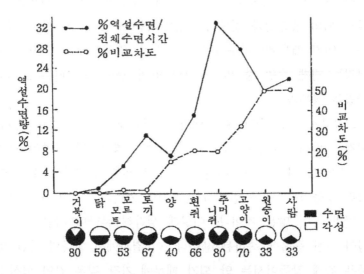

〈그림 8〉 동물들의 역설수면량과 시신경의 교차도와의 관계(밑의 원은 각
각 24시간 중 각성과 수면의 비율(베르거, 1969년)

사람의 경우 좌우 눈의 망막에서 나오는 시신경은 시신경교
차에서 50%(내측의 망막에서 오는 시신경섬유)가 교차하고 있
으며 그것은 좌우의 눈으로 동시에 물체를 보기 위하여 필요한
것이다. 그러나 고양이는 교차하지 않는 시신경이 전체 시신경
의 30%이며 토끼는 더욱 적어져서 좌우 시신경은 거의 전부가
교차하고 있음을 볼 수 있다. 그 교차하는 비율과 역설수면 양
과의 관계를 표시한 것이 〈그림 8〉이다. 이 그림에서 고양이와
주머니쥐의 값이 매우 높지만 이 값은 24시간 중의 수면량을
분모로 해서 얻은 값이고 실제로는 주간의 수면시간과 그 사이
의 역설수면량과의 비율을 비교해야 한다. 그러기 위해서 각
동물의 전수면량의 제곱을 분모로 하여 재검토해 본 것이 〈그

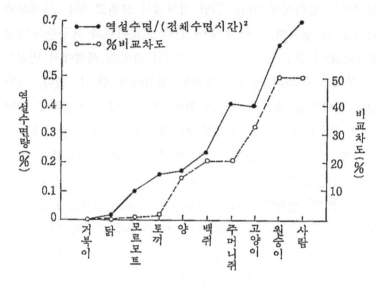

〈그림 9〉 동물들의 역설수면량과 시신경의 교차도
(재검토하여 관계를 변형한 것)

림 9〉인 것이다.

두 변수와의 관계는 대체로 직선을 이루고 있다. 이것이 소위 안구의 공동 운동능력이 크면 클수록 이에 평행해서 역설수면량이 증가된다고 하는 가설의 근거가 되는 것이다. 사람의 경우 갓난아기에서는 공통적이 아니지만 역설수면 때에는 흔히 공동적이 된다고 하는 사실로 미루어 보아 깨어 있을 때의 안구운동을 설명하는 데에는 필요한 것이라고 본다. 그러나 사람이 성장하여 감에 따라 역설수면의 양이 차차 감소되는 사실은 이 관계만으로는 딱 잘라 설명하기가 힘들 것 같다.

어느 견해이든 간에 역설수면 혹은 꿈의 존재의의를 "파수설" 또는 "적응설"에 의해서 생각해 보고자 하는 것은 모든 생

명현상을 합목적성(合目的性)인 입장에서 보려고 하는 목적론에
근거를 둔 셈이며, 따라서 꿈에 관한 프로이트의 욕구충족설(欲
求充足說)과 같은 관념적이며 실증적인 과학의 세계에서 냉철하
게 본다면 논의의 장난에 불과한 것이라고 할 수 있다. 그와
같은 관념적인 가설을 세우기 전에 아직도 많은 실증적인 실험
적 연구가 이루어져야 할 것은 두말할 나위가 없는 것이다.

예를 들면 초식동물에는 역설수면이 적고 육식동물에 많은
것은 수면의 매커니즘에 있어서 영양, 대사, 호르몬 등의 체액
성(體液性)인 인자가 깊이 관계되어 있기 때문인지도 모를 일이
며 잠을 잘 때 토끼와 새의 근육의 긴장이 풀리지 않는 것은
이들의 운동계가 다른 동물과 다르기 때문이 아닌가도 생각된
다. 더욱이 사람이 병을 앓을 때 역설수면이 변화하는 양상은
매우 귀중한 자료가 되는 것으로서 보는 견해를 달리하면 병인
(病因)을 알아내는 데 실마리가 될는지도 모를 일이다.

일생 동안에 잠은 어떻게 변화하는가

앞에서 진화의 정도에 따라 역설수면이 증가된다는 사실을
알았다. 그렇다면 이번에는 동물이 태어나면서부터 성장함에
따라 역설수면이 증가되는가 혹은 감소되는가를 생각해보기로
하자.

동물에 있어서 고양이와 쥐에 대해서는 잘 조사되어 있다.
생후 1주일 된 새끼고양이의 잠은 역설수면만 나타나고 그 사
이의 40%는 잠을 자고 있다. 그러나 그 때의 역설수면은 성장
했을 때와는 달라서 뇌파의 변화가 분명치 않기 때문에 기타
특징으로서 결정하고 있다. 생후 2주일에서 3주일이 되면 차차

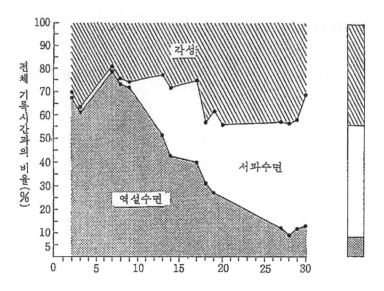

〈그림 10〉 흰쥐의 생후 30일 간의 각성 및 수면상의 변화. 우측 기둥은 성숙한 흰쥐의 비율

뇌파가 확실해지지만 어미고양이와 같이 수면과 각성(깨어있는 것)이 분명히 나누어지는 것은 생후 2개월이 되어야 한다고 말하고 있다(D. 주베 등, 1961년). 쥐에 대해서는 더욱더 자세히 알려져 있지만 대체로 고양이와 비슷해서 태어난 직후에는 거의 역설수면뿐이며 10일 쯤 경과되어야 비로소 서파수면이 차차 나타나기 시작한다.

　이상의 동물들의 성적에서 보면 태어나서 곧 나타나는 잠은 거의 전부가 역설수면이고 서파수면은 생후 어느 정도의 시일이 경과되어야 비로소 나타남을 볼 수 있는데 이것은 대뇌피질(大腦皮質)의 발달과 관계가 있는 것 같다. 사람은 생후의 일수와 연력 등이 명확하기 때문에 동물들보다도 훨씬 자세히 조사

〈표 2〉 사람의 연령에 따른 역설수면량의 변화(하르트먼, 1967년)

연령	전체 수면시간에 대한 백분율(%)	하루의 역설 수면시간
조산아	50~80	12.0
1~15일 신생아	45~65	9.0
2세 이하	25~40	4.5
2~5세	20~30	2.6
5~13세	15~20	1.7
13~18세	15~20	1.6
18~30세	20~25	1.6
30~50세	18~25	1.4
50~70세	13~18	1.0

할 수 있다.

95명의 정상 신생아에 있어서 출생 후 3~5일 사이에 1회의 수면주기(2시간~3시간) 동안에 일어나는 역설수면은 정상분만기를 수태 후 40주로 보았을 때 37주 이후에 출생된 신생아부터 갑자기 증가되지만 43주 이후에 출생된 신생아에서는 오히려 감소되고 있다. 이 원인은 아마도 성호르몬의 영향이 아닌가 보고 있지만 불분명하다.

기타 같은 정상신생아에 대하여 조사한바 정상 분만기에 출생된 경우는 역설수면이 50%이지만 조산아일수록 역설수면이 증가하여 수태 후 30주에 출생된 조산아에서는 80%를 나타내었다. 이런 경향으로 미루어 본다면 30주 이전의 자궁 속의 태

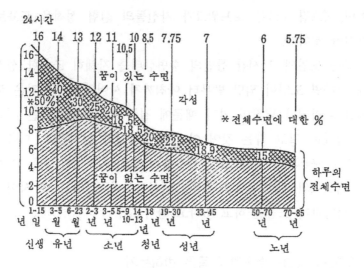

〈그림 11〉 사람의 연령에 따르는 각성 및 수면상의 변화
(로프위그 등, 1966년)

아는 100%의 역설수면을 하고 있는 셈이 된다.

그러나 신생아의 경우는 성인의 경우와 달라 오랫동안 측정할 수 없고, 각성과 수면의 특징도 분명치 않아 판별하기가 힘들기 때문에 결과가 일정치 않다. 가령 유아(幼兒)의 잠을 조사하는 경우에 정(靜)수면, 중간수면, REM수면 등으로 나누어 성인과 꼭 같은 기준에서 판별이 가능한 것은 생후 6개월부터이며, 또한 보통의 역설수면은 서파수면 후에 일어나는 것이지만 신생아의 경우에는 각성 이후 곧 일어나기도 하는데 이것은 동물의 경우와 흡사하다. 이런 점에서 본다면 신생아는 성인의 경우와 메커니즘이 다르지 않은가 생각된다.

어떻든 사람이 생후부터 노인에 이르는 동안에 잠의 변화에 관한 많은 연구 보고가 있는데 그 결과를 요약한 것이 〈표 2〉

이며, 〈그림 11〉은 로프워그가 자신들의 실험 성적을 도표로
표시한 것이다.

최근 노인의 24시간 동안의 수면상태를 자세히 조사한 성적
에 의하면 노인이 되면 밤부터 아침까지 사이의 수면시간은 짧
지만 존다거나 낮잠이 많기 때문에 결국 하루 동안 자는 시간
의 합계는 결코 작은 것이 아니라는 사실이 알려졌다. 더욱이
소련의 구루쟈 지방에 있는 장수촌의 노인들은 밤에 자는 시간
이 젊은이와 같이 8시간 혹은 그 이상이며, 그리고 낮 사이에
도 적당하게 노동을 하고 있다고 한다.

어째서 각성—수면의 리듬은 변하는가

우선 〈그림 12〉를 보기로 하자. 흰 부분은 아기가 눈을 뜨고
있을 때이고, 점은 젖을 먹고 있을 때, 그리고 횡선은 조용히
자고 있을 때를 나타낸다. 생후 15주쯤까지를 보면 하루에 몇
번씩 자기도 하고 깨어 있기도 하여 각성 – 수면의 리듬이 다
상성(多相性)을 띠고 있음을 알 수 있다. 그러나 생후 15주 이
후가 되면, 그림에서 보면 알 수 있듯이 흰 부분이 대체로 한
곳으로 몰리게 되어 낮에는 깨어 있고 밤에는 잠을 잔다고 하
는 단상성(單相性) 리듬으로 되어가는 것을 발견하게 된다. 그
리고 그림의 흰 부분에는 반드시 점이 있음을 볼 수 있는데 이
것은 다상성인 때의 1회의 주기는 각성—수유—수면으로 구성
되어 있으며 이것을 반복하는 것이 곧 유아의 생활이 되는 셈
이다.

여기에서 이와 같은 다상성 리듬이 단상성 리듬으로 바뀌는
이유에 대해서 생각해 보기로 하자. 하나는 생리학적인 이유에

〈그림 12〉 생후 11일부터 182일 사이의 수면(실선), 수유(점),
각성(공백)의 시간적 변화(크레이트먼, 1963년)

서이다. 유아의 각성—수면 리듬을 하나의 주기라고 생각한다
면 배가 고파서 눈을 뜨게 되는 것과 배가 불러서 잠을 자게
되는 것이 주기라고 할 수 있다. 현재로서는 이와 같은 섭식행
동(攝食行動)의 기전은 뇌의 시상하부에 있는 식욕중추와 만복
중추의 관계로서 설명할 수 있다. 식욕중추를 흥분시키는 것은
동맥과 정맥의 혈액 중에 있는 포도당의 양의 차이가 작아지기
때문인 것으로 알려지고 있다. 배가 부르게 되면 동맥혈중의
포도당이 증가하여 정맥혈과의 차이가 커져서 이것이 반복중추
를 자극하여 식욕중추를 억제시킴으로써 식사를 하지 않게 되
는 것이다. 그런데 출생된 지 얼마 되지 않는 때에는 몸의 성
장발달을 위한 에너지원으로서 포도당이 금세 사용되기 때문에
수유에 의해서 동맥혈중의 포도당이 증가되었다고 하더라도 빨
리 감소하게 되므로 동맥—정맥 간의 포도당량의 차이가 작아
져서 식욕중추를 흥분시키는 것이라고 볼 수 있다.

　또한 우리 연구진은 최근에 고양이가 공복이 되면 위의 운동
이 불규칙하게 되어 각성기가 많아진다는 사실을 발견하였다
('꿈은 오장이 피로한 때문인가'를 참조). 이 결과에 따르면 공
복이 되어 식욕중추가 흥분하고 있을 때에 특히 눈을 쉽게 뜨
게 된다는 것도 유추할 수 있는 것으로서, 따라서 몸 성장 속도
가 느려짐에 따라 차츰 눈을 뜨는 횟수가 줄어들게 되고 소비
되는 에너지에 대응해서 식사량도 취하게 되는 것이다. 대체로
7세 경이 되면 리듬은 확립되어 단상성으로 된다고 하는데 〈그
림 13〉에서처럼 5, 6세에서부터 시작된다고 본다면 당연히 여
기에는 식사 내용이라든지 식사 시간 등 어른에 의해서 만들어
지는 조건의 지배력이 커지게 된다고 예상할 수 있을 것이다.

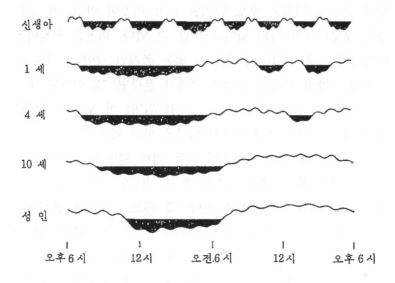

신생아

1 세

4 세

10 세

성 인

오후 6 시   12시   오전 6 시   12시   오후 6 시

〈그림 13〉 사람의 각성―수면주의 변화. 검은색 부문은 수면을 표시한다
(크레이트먼, 1963년)

　이상은 나의 생리학적 해석이지만 다음은 핀치 등의 정신분석학적인 고찰(1964년)이다. 이 고찰은 양친, 특히 어머니와 자식과의 관계, 더 나아가 인간의 자아(에고)의 발달이라고 하는 측면에서 해석하고 있는 것이다.
　이 설에 의하면 애당초 사람은 다른 동물과 달라서 출생 후 얼마 동안은 도저히 혼자서는 어떻게 할 수가 없어서 보통은 전적으로 어머니의 도움을 받을 수밖에 별 도리가 없는 것이다. 인간의 에고는 신생아에서 유아 사이에 이미 발전하기 시작하며, 특히 유아의 외부환경으로서 가장 많은 자극이 되는 어머니의 성격이 에고의 발전에 큰 영향을 주고 있다. 초기의 에고는 외부로부터의 자극을 판단하거나 평가할 수 없고 또 내부의 본능을 지배할 수도 없지만 차차 이것이 안정되게 되는 것은 오로지 어머니의 힘이라고 할 수 있다. 어쨌든 신생아는 어머니의 도움 없이는 살아갈 수 없는 존재인 것이다. 다시 말하면 모—자의 관계는 신생아 쪽에서 본다면 "삶"이기도 하고 "죽음"이기도 한 것이다. 소위 "초기단위"인 이 모자 관계야말로 수면의 패턴(類型)에 중요한 역할을 하고 있는 것이다.

공복이라든가 목이 마르거나 혹은 기타 원인으로 체내에 긴장이 높아져 각성상태가 되었을 때 이 긴장이 어머니에 의해서 풀어지게 되면 수면을 하게 된다. 즉 에고는 수유를 중심으로 형성되어가고 에고와 최초로 관계되는 것은 어머니의 가슴인 것이다. 이와 같은 긴장 때문에 생기는 불쾌감, 이에 뒤따르는 수유에 의한 만족, 그 후의 수면이라고 하는 일련의 사이클이 초기의 에고를 형성하는데 중요한 역할을 한다는 생각이다. 그러므로 오랫동안 불쾌한 불만족상태로 방치된 연후에 온 수면이라고 한다면 유아로서도 쾌적한 느낌을 가질 수 없는 것인지 모른다.

유아가 잠들기 위해서 필요한 일 중의 하나는 항상 안정된 모친상(母親像)이라는 말도 있지만 아기 어머니는 정서적으로 충분히 발달되고 행복한 결혼을 하였으며, 특히 아기의 탄생을 참으로 즐거워하는 여성이 아니면 안 될 것이라고 생각된다.

그러나 에고가 차차 발달하여 감에 따라 유아의 뇌는 자신의 몸을 지배하기 시작하고 말을 하기 시작하며 걷기 시작하게 되는 것이다. 이때쯤 되면 어머니와 아기의 "초기 단위"는 어머니의 가슴과 관련성도 없어지게 되고 어머니라는 개인은 아기가 볼 때 기쁨도 슬픔도 주는 대상에 불과하게 된다. 그 결과로 아기는 어머니 손에 이끌려 침대에 가서 혼자 있기를 거부하고 엄마와 함께 있기를 바라며 어떤 때는 엄마, 아빠가 자는 침대에서 자려고 하기도 하고, 정 안 될 때는 자기가 자는 침실에서 몇 번이고 엄마, 아빠를 불러들이기도 한다.

배가 고프니 먹을 것을 달라기도 하고, 목욕을 하겠다고 조르기도 하며, 재미있는 옛날이야기를 해달라고 하는 등 어쨌든 혼자 있는 것을 피하며 자려고 하지 않는다. 아기로서는 잠을 잔다는 것은 엄마와의 모든 "관계의 포기"를 의미하는 것이며, 잠에서 깨어난다는 것은 그 "확인"에 불과하기 때문이다. 그러므로 아기는 어떻게 해서든 잠드는 시간을 최대한 미루려고 안간힘을 쓰는 것이다.

이상과 같은 과정이 반복됨에 따라 차츰 각성하는 시간이 연장되고 수면하는 시간이 감소되는 방향으로 진행되어 간다고 생각된다.

4~6살 경이 되면 주위에 대해 흥미와 호기심이 생기게 되어 떨어져 있는 양친의 침실의 비밀을 몰래 알려고 하고 또 "오이디푸스 콤플렉스"로서 동성인 어버이를 적대시하는 감정이 나타나는 때도 이 때쯤이다. 하루의 생활이 엄마, 아빠의 애정에 의해서 조절되고 자신의 요구에 대한 평가가 정당하다고 생각될 때에는 충분한 수면을 하게 되지만, 만약 그렇지 못할 때에는 역으로 수면 장애를 일으키게 되는데, 대체로 유아의 수면 장애는 어버이와 자식 간의 관계가 파탄났을 때 생긴다고 생각된다.

7살이 되면 어린이는 독립심을 갖게끔 되어 취침시간에도 주의를 기울이게 되고 어버이의 도움을 덜 받으려고 노력한다.

즉, 의식이 발달함에 따라 엄마, 아빠와 싸우지 않게 되고, 에 고도 안정되어 쉽게 이완되면 별 일 없이 잠을 자게 된다. 이 때쯤 되어야 비로소 어린이의 각성—수면 리듬이 겨우 어른과 같은 상태로 확립된다.

이상의 해석은 다상성인 각성—수면 리듬이 단상성으로 변화 되어 가는 과정을 이야기 한 것이지만, 노인이 되면 또 다시 다 상성으로 기울어지는 것은 어떻게 해석해야 좋을 것인가. 그것 도 노동량이 적고 독립심을 상실한 노인에게서 눈에 띄게 나타 난다는 사실로 미루어 본다면 역시 똑같은 생리학적 및 정신분 석학적인 고찰을 통하여 쉽게 이해할 수 있으리라고 생각된다.

수면시간 하루에 8시간은 근거가 있는 것일까

어른은 보통 하루 낮밤의 수면시간이 8시간이라고들 하며, 이것은 하나의 상식으로 통한다. 누가 먼저 말한 것인지 또 누 군가가 과학적인 방법으로 증명한 결과인지는 모르지만 어쨌든 이것은 다수의 사람들에게서 얻은 결과를 통계적으로 조사하여 보니 그렇다는 것뿐이다. 어떤 사람을 연구실에서 밤새 실험기 록한 뒤 다음날 자고 싶은 대로 실컷 잠을 자도록 하면 10시 간 이상 자기도 하고, 또 나중에 언급이 되겠지만 하루에 3시 간만 자더라도 충분히 사회생활을 수행해 나갈 수 있는 사람도 있다. 이것을 보면 인간은 하루 몇 시간 자야 된다고 하는 절 대적인 기준은 없고 또 이 정도는 건강에 해가 된다든지 하는 법도 없다고 볼 수 있다.

그 증거로서 우리가 시차(時差)가 있는 해외여행을 하게 될 때 흔히 겪는 일이지만 처음에는 낮과 밤이 구별이 안 되는 느

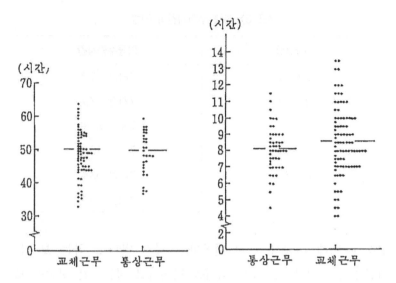

〈그림 14〉 통상근무(일근)과 교체근무(야근도 하는 불규칙근무)를 하는 간호원
의 비교. 왼쪽 그림은 1주일간 총수면시간의 비교이며, 오른쪽 그림
은 각각의 경우에 있어서 휴일에 취하는 수면시간(마쯔모도 등, 1975년)

깸이기 때문에 각성과 수면의 사이클이 엉망이 되는 수가 있
다. 그러나 곧(약 1주일간) 그곳의 시간에 익숙해져 자고 깨는
시간이 일정해지는 것이다.

또 어떤 사람은 높은 산(약 3,000미터 이상)에 올라가기만
해도 수면시간이 길어진다고 한다. 사회생활을 하는 사람도 그
직업에 따라 수면시간이 다른데 병원에 근무하는 사람이 특히
짧다고 하며 모자라는 잠은 대개 휴일에 자게 되며 1주일이 한
주기로 되어 있다고 한다(그림 14).

어쨌든 사람에 따라 수면시간의 폭이 다른데 이것이 나이와
성격에 의한 것인지는 몰라도 생명현상이라 하는 것은 정적(靜
的)인 것이 아니라 동적(動的)인 것만은 틀림이 없다. 여성이

〈표 3〉 전체 수면시간과 연령

연대(세)	평균수면시간
20~29	7시간 41분
30~39	7시간 37분
40~49	7시간 30분
50~59	7시간 16분
60~69	7시간 53분
70	7시간 40분

남성에 비해서 항상 잠에 만족하고 있지 않다고 하는 보고는 자본주의 국가나 사회주의 국가를 막론하고 공통적인 현상인 모양이다.

자본주의 국가에서는 "여성해방 운동"의 일환으로 부르짖는 일이고, 사회주의 국가에서 사회적인 권리는 분명히 남녀가 같지만 가정에 있어서는 역시 여성이 남성보다 가사에 종사하는 시간이 많기 때문에 수면부족을 호소하는 것이라고 볼 수 있다.

튠이 1969년에 240명에 대하여 연령별로 평균수면시간을 조사한 것(표 3)을 보면 알 수 있듯이 모든 연령대에서 평균수면시간이 8시간에 못 미치는 것을 알 수 있다. 좀 더 자세히 설명하자면 9시간 이상이 5.4%, 8시간 이상이 27.5%이었다고 한다. 대부분이 8시간 이하였고, 7시간 이하도 19.6%로 약 다섯 사람 중에 한 사람 꼴이 되는 셈이다. 그러니까 하루에 8시간 자는 사람은 많지 않은 것 같다.

나이가 많아지면 잠자는 시간이 짧아진다고 하는 것은 실은 밤에 자는 시간만 두고 하는 말이며, 낮밤을 통틀어 말한다면

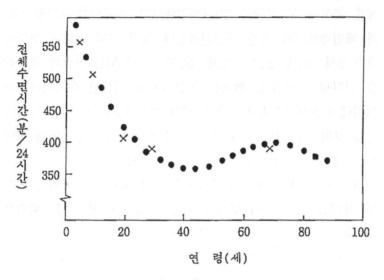

〈그림 15〉 연령에 따르는 전체 수면시간의 변화. 각성회로 (●) 및
그 시간(×)과의 관계

그렇지만은 않은 것 같다. 낮잠은 나이를 먹어감에 따라 많아
지는 것이 사실이다. 또 밤에 자는 시간 중에도 눈을 뜨는 횟
수가 는다고 한다. 실제로 나이 많은 노인이 불면증을 호소하
는 경우 그 대부분이 낮잠을 자고 있기 때문인데 이것은 사회
생활의 제일선에서 은퇴하게 되면 자연히 낮잠을 즐길 수 있을
만큼 자유롭게 되기 때문이라고 볼 수 있으며, 수면—각성의
리듬이 다시 어린 유아 때와 비슷한 다상성으로 되돌아가는 현
상이라고도 볼 수 있다. 그러나 같은 다상성이긴 하지만 그 이
유는 전혀 다른 것이라고 생각해야 하며, 각성하고 있을 때의
생활조건만을 보고 수면을 생각해서는 안 된다는 것이다.

    실제로 38명의 뇌파를 직접 기록하면서 연령과 수면과의 관계를 조사해 본 학자가 있다(페인베르그, 1968년). 〈그림 15〉가 페인베르그가 얻은 실험결과인데 그림 속의 ×표는 연령이 각각 6세, 10세, 21세, 30세, 69세, 84세 되는 사람의 평균값을 나타내는 것이고, ●표는 이론적으로 계산된 수치이다. 이 그림에서 보면 80세 부근에서 약간 감소하고 있는 것은 낮잠시간을 포함하고 있지 않기 때문인 것 같고, 50세 부근에서 적어지는 것도 〈표 3〉의 결과와 유사한 것이다.

결국 50대의 사람이 수면시간이 가장 짧다는 이야기가 되는데 사실상 이 때쯤의 연대가 가장 왕성하게 활동하는 때임을 시사하고 있다. 그럼에도 불구하고 흔히 어른의 하루의 수면시간을 8시간이라고 보는 사람이 많은데 7시간 반이 사실상 보통이지만 구태여 부르기도 귀찮으니 그대로 8시간이라고 하는 모양이다. 그러나 좀 더 사실에 근거를 둔다면 7시간 반이 더 정확한 표현인 것이다.

나도 내가 몇 시간을 자고 깼는지 계산 하려고도 하지 않지만 특별히 꼭 일찍 일어나야 할 경우에 밀진 잠은 다음 날 낮잠으로 때우든가 밤에 잠을 좀 일찍 자든가 해서 보충하고, 이것도 저것도 안 될 때는 주말에 가서 빚진 잠을 자곤 한다. 이렇게 '잠 부족'이라고 하는 빚은 일이 있기 전에 미리 갚아버릴 수는 도저히 없는 일이기 때문에 천상 후불(後佛)할 수밖에 없는 것이다. 그러므로 노는 휴일에 유흥을 즐기려 너무 밤잠을 설치고 다니면 빚이 많아져 파산될 위험이 따르게 되고 수면부족의 빚이 이 지경에 이르면 몸의 파멸을 초래하게 될지도 모를 일이다

나폴레옹과 같이 3시간 수면은 가능한가

가능하다. 보통 사람이라면 매일 3시간만 자고 어떻게 건강한 생활을 할 수 있을지 나도 의심스럽게 생각하고 있었다. 조금 시간이 나면 낮에 잠깐 잠깐씩 졸기도 하고 낮잠도 잤을 것이라고 생각하고 있었던 것이다. 그런데 세상은 넓고 재미있는 것, 영국에서 하루에 3시간만 자고도 원기왕성하게 일상생활을 하고 있는 사람이 두 사람이나 있다는 사실이 존즈 등(1968년)에 의해서 보고된 것이다. 이들의 보고에 의하면 한 사람은 50세 되는 실업인으로서 약 20년간이나 매일 3시간씩 자고 있다고 하며 그의 부인도 증언하고 있다. 다만 주말에 가서 가끔몇 분 혹은 길어야 한 시간 정도의 낮잠을 잘 뿐이라고 한다. 또 한 사람은 30세 되는 남자 도안가(圖案家)인데 이 사람도 하루에 3시간밖에 자지 않는다고 그의 부인도 인정하고 있다. 그는 약 6년 전부터는 너무 일이 바빠서 아예 그 3시간의 취침조차도 하지 않으려고 했지만 그렇게는 하지 않고 있다. 54세 되는 실업인과 마찬가지로 주말에 가서 몇 분 정도의 낮잠을 자는 것만으로 수십 년간을 살아가고 있다는 것이다.

존즈 등(1968년)이 이것이 사실인가 어떤가를 확인하기 위하여 이 두 사람을 각각 적당한 시간에 연구실로 오도록 하여 이들의 뇌파검사를 6, 7회 실시하여 객관적으로 조사하여 보았다. 먼저 실업인의 경우는 새벽 1시경에 오고 도안가는 새벽 3시에 오곤 하였는데 과연 실업인은 평균 2시간 47분, 도안가는 2시간 43분 동안 잠을 자고 일어났다. 그런데 두 사람 모두 잠에 돌입하는 시간이 매우 빨랐고 질적으로도 깊은 잠이라고 할 수 있는 제3도와 제4도의 서파수면('잠이란 도대체 무엇인가' 참조)이 많았다고 한다.

　미국에도 같은 예가 많이 있는 모양이어서 나폴레옹이 하루에 3시간만 잤다는 이야기는 정말이라고 해도 될 듯하다. 그러나 현대의 나폴레옹들도 주말에 가서 약간씩의 낮잠을 자는 것으로 보아 진짜 나폴레옹도 때로는 졸기도 하고 낮잠도 잤을 것이라는 추측이 사실일지도 모른다.

수면 시간의 장단은 성격과 관계가 있을까

　인간은 나이를 먹어감에 따라 자는 시간도 변하고 자는 모양도 변하는데 그 개인차도 매우 심하다. 그렇다면 사람에 따라 성격이 다르듯이 잠도 성격에 따라 과연 다르게 나타날까. 가령 성미가 급한 사람은 일찍 자고 일찍 깬다든지, 둔한 사람은 오래 잔다든가 하는 식의 차이가 있는 것일까.

　이와 같이 잠과 사람의 성격을 연관시키는 실험은 어려운 것이긴 하지만 여기에 잠이 긴 사람과 짧은 사람을 모아 그들의 성격과 연관시켜 본 미국 학자가 있다(하르트먼 등, 1971년)

　우선 뉴욕과 보스톤의 신문광고에 내서 매일 9시간 이상 자는 사람과 5시간 이하 자는 사람을 모집하니 400명 이상이 모였다. 다음에 전화 통화로 실험내용을 오해하고 있는 사람을 제외한 결과 260명이 되었고, 다시 서면교환으로 수면시간이 불규칙한 사람과 의학적 및 정신적으로 이상한 사람 등을 제외하고 보니 29명이 남았다. 이들을 잠의 장단과 연령별로 4개의 그룹으로 나누었다. 연장자이면서 잠이 긴 사람은 한 사람뿐이어서 기록은 했지만 비교할 대상을 얻을 수 없어 결국 잠이 짧고 젊은 그룹(20세~34세)이 10명, 연장자(35세~49세) 8명, 잠이 길고 젊은 그룹 10명으로 나누게 되었는데, 각 사람마다 네 번씩의 수면시간을 기록하여 평균값을 비교해 보았다.

먼저 잠을 자고 있을 때의 뇌파를 보면 잠을 오래 자는 사람은 짧게 자는 사람에 비하여 서파수면의 제2도와 역설수면이 많은 사실을 발견하였다. 그렇지만 그것도 수면시간 전체의 비율로 보면 차이는 없고 잠이 짧은 사람은 긴 사람보다 특히 제3도와 제4도의 서파수면이 많았다. 이것은 곧 하루에 잠을 적게 자는 사람은 깊은 잠을 많이 잔다는 뜻이다. 사실 잠을 적게 자는 사람은 많이 자는 사람보다 쉽게 빨리 잠에 돌입하고 밤에 눈을 뜨는 횟수도 적고 그리고 역설수면의 횟수도 적은 것을 볼 수 있다. 이와 같이 되면 꿈을 꾸는 횟수도 적어지게 될는지 모른다.

다음에는 여러 심리 테스트도 시행하여 그들의 성격을 판단하여 보았지만 그 결과가 문제인 것이다. 잠이 짧은 사람들은 모두가 풀타임으로 근무하는 근로자 아니면 학생으로서 대부분이 16세~18세 때부터 잠자는 시간이 짧았다고 하였으며 그 이유는 일 때문에 혹은 학교 공부 때문이라고 하였다. 그러나 이들은 한결 같이 모두 하루의 생활이 즐겁다고 말하고 있었다. 직업별로 보면 기사(技師), 실업가, 건축가들과 공학, 상학, 경제학을 공부하고 있는 학생들이었다. 이들은 자신의 직업과 자신이 선택한 진학 코스에 만족하고 있었다. 그리고 수면 실험을 할 때도 실험 계획에 대하여 별 이의 없이 다분히 준봉적(遵奉的)이라고 할 정도로 순순히 따르는 듯하였고, 따라서 자신들이 선택한 직업과 모든 판단은 그때그때 조류에 순응하고 있는 듯한 느낌을 주었다. 개중에는 좀 짓궂고 강인한 성벽(性

癖)을 가진 사람도 있었지만 심리적으로 갈등이 생길 듯한 문제에는 대결하지 않고 피하려는 경향이 엿보였으며, 몇 사람에게 어떤 충격이나 곤란한 일을 당하게 되면 어떻게 처리하느냐고 물으니 "될 수 있는 한 귀찮은 일은 생각하지도 않는다."는 대답이었다.

이에 반하여 잠을 오래 자는 사람들에게는 분명히 나타나는 성격이 없고 잠이 짧은 사람들에 비하면 직업이나 학교에 대한 흥미도 안정되어 있지 않았다. 예를 들면 이들 중 몇 사람은 실업자였고 개중에는 조각가도 있었고 파트타임의 학생도 있는가 하면 히피족이라고 할 만한 몇 사람도 있었다. 외모로만 본다면 이들의 수면시간이 긴 것이 직업의 성질상 편한 것이기 때문이라도 보이기도 하지만 그렇지는 않았다. 그들의 지금까지의 생활사를 보면 잠을 오래 자는 버릇은 소년시절이 끝난 시기이거나 혹은 청년시대에 들어오면서부터 시작되었다고 하며 현재 가지고 있는 직업이나 생활에서 직접 영향 받은 것은 아니라는 것을 알게 되었다. 이들의 사고방식은 잠이 짧은 사람들처럼 준봉적이 아니고 또 반면에 개중에는 그 직업상으로 본다면 대단한 창조성을 보여주는 사람도 있었다. 이들은 어딘가 억울적(抑鬱的)이며 겁이 많아 보여 대화를 나누고 있을 때도 어딘가 불안해하는 눈치가 보였고, 대부분의 사람들이 성(性)의 기능이 감퇴되어 있는 듯하였다. 그리고 가벼운 정도이지만 의학적 및 정신적으로 이상이 있어 보이고 실험계획에 대해서도 잡다한 핑계를 대었으며 실내의 소음이라든가 환기가 나쁘다는 등의 불평을 말하기도 하였다.

이상에서 말한 바와 같이 잠을 오래 자는 사람은 심리 면에

서 볼 때 하나의 부류로 취급하기는 힘들고 억압증, 신경쇠약
증, 노이로제 등의 증상이 포함되어 있는 듯하였다. 개중에는
"나는 잠자는 고독을 존중하고 있다"든가, "나는 모든 시끄러운
일에서 도피하기 위하여 오래 잠을 잔다"와 같은 말을 하고 있
었으며 수면의 가치를 높이 평가하여 고통스러운 각성의 생활
에서 탈피하기 위하여 잠은 꼭 필요하다고 생각하고 있었다.

웹 등(1971년)은 대학교 신입생 54명을 대상으로 하여 수면
시간이 5시간 반보다 짧은 사람(22명)과 9시간 반 이상을 자는
사람(32명)으로 나누어 잠자는 모습을 기록하고 심리검사를 시
행하여 결과를 얻었다. 이 결과에 의하면 잠이 짧은 사람의 수
면상(睡眠像)이 대조군에 비하여 서파수면의 제2도와 역설수면
이 적은 점은 하르트먼 등(1971년)의 결과와 같았지만 성격,
학업성적, 정신의학적인 면에서는 별 차이를 발견할 수 없었다.
따라서 수면상과 성격과의 문제를 검토하는 경우에는 어떠한
사람들을 대상으로 하느냐 하는 소위 인선(人選)이 중요하며,
또한 대학의 신입생과 같이 젊은 나이의 그룹에 있어서 수면시
간의 4시간 차이는 역의 영향이 주어지지 않음을 의미하는 것
이라고 볼 수 있다.

파블로프는 기질을 선천적인 것으로 그리고 성격을 후천적인
것이라고 하여 기질 플러스 알파가 곧 성격이라고 하였으며,
기질은 조건반사를 이용하면 나눌 수 있다고 생각하였다. 이것
은 기질—성격에 대한 하나의 자연과학적인 해석이지만 실제로
개 실험을 통하여 네 가지로 분류하였다. 그 네 가지 유형은
히포크라테스의 분류법을 빌어 다혈질(多血質), 점액질(粘液質),
담즙질(膽汁質), 우울질(憂鬱質)이다. 이 분류법의 기본은 뇌활동

의 흥분과 제지를 바탕으로 하고 있다. 성격도 이에 따라 분류해야 한다는 심리학자도 있다. 흰쥐의 기질과 유형도 조건반사법을 이용하여 분류하여 본 결과 개와 마찬가지로 네 가지로 나눌 수가 있었으며 각각의 수면상을 24시간 조사하여 기질과 관계가 있는지 없는지를 검토하여 보았다(나까야마, 1975년). 이 결과에 따르면 분별이 있는 사람은 잠을 자야 할 때 잘 자지만 이에 대해서 저돌형(猪突型)인 사람이라든가 억울적인 사람은 자야 할 때 깨어 있고 깨어 있어야 할 때 잠을 자거나 하는 것을 볼 수 있다.

우리의 연구는 흰쥐에 대한 것이지만 최근에 사람의 성격과 수면상과의 관계를 검토하기 위한 연구가 적극적으로 진행되고 있다. 하지만 아직도 관계가 일정하게 나타난다는 보고는 없는 것 같다.

과연 그렇다면 앞의 실험적 결과를 현대사회의 세상에 맞추어 생각해 본다면 어떻게 될까 하는 것이 흥미 있는 과제로 남는다. 하르트먼 등이 조사한 잠의 실험에서 잠이 짧은 사람의 성격은 겉으로는 견실한 것처럼 보이나 아무리 생각해 보아도 결과적으로 소위 "맹렬사원"형이고 반대로 잠이 긴 사람의 성격은 저항적이고 주체성이 강한 형처럼 보이나 무궤도한 느낌이 들기 때문에 어느 유형이든 너무 정도에 지나치는 듯한 느낌이 든다. 흰쥐의 실험을 통해서 미루어 보더라도 정상적인 판단력을 가지고 일을 처리해 나갈 수 있는 유형의 인간이 되기 위해서는 매일 밤 7~8시간의 충분한 수면을 취하여 낮에 졸거나 낮잠을 자는 일이 없도록 하는 생활을 계속할 필요가 있다.

이것은 정말 상식적인 결론이기 때문에 말하기 쑥스러운 일이지만 역시 잠은 적당히 자는 것이 바람직한 일이며, 밤새워 일하거나 혹은 늘어지게 잠만 잔다든가 하는 것이 독창력에 도움이 된다고 하는 것은 정상이 아닌 생각이다. 물론 일시적으로는 그럴수도 있겠지만 장기적인 안목에서 볼 때는 될 수 있는 한 잠을 자는 일은 정상으로 되돌아가도록 해야 하리라고 생각된다.

밤새도록 코고는 소리 때문에 잠잘 수 없다는 것은 정말일까

잠을 자고 있는 동안은 생명활동도 최하로 떨어져 거의 정지 상태라고 보는 견해에 대한 반론의 첫째 근거가 되는 것은 아마도 "코고는 현상"일 것이다. 대체로 사람은 다섯 내지 여섯 사람 중의 한 사람 꼴로 코를 곤다고 하며 이것은 연령, 인종, 성별에 구별 없이 나타나는 것이라고 한다. 코고는 소리의 강도(强度)는 40~69데시벨(db, 소리의 강도의 단위)이나 되며 큰 것은 거리의 소음 정도인 것에서부터 가장 지독한 것으로는 중형 디젤 트럭의 엔진소리에 맞먹는 경우도 있다고 한다.

코고는 소리를 전문으로 연구하는 부루웨어는 "코고는 소리는 단순한 생리현상인데 이것을 못 참는 사람의 귀에는 이상현상으로 들린다"라고 결론을 내리고 있다. 이 말을 듣고 과연 그대로 생리 현상인데 뭐 어떤가 하는 사람은 코를 고는 사람이오, 그런 바보 같은 소리 말라고 하면서 생리적인 것일 리가 있나 하는 사람은 코고는 소리 때문에 울화통이 터진 일이 있는 사람이 아닐는지. 그런데 재미있는 것은 코고는 소리가 듣기 싫어 못 견디는 사람 자신도 자기가 코를 골며 잔다는 것을

58

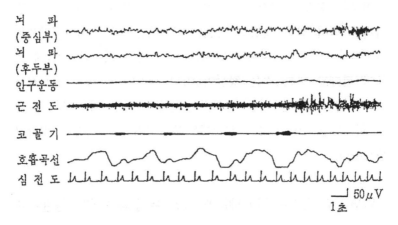

〈그림 16〉 코골기와 수면과의 관계. 코고는 소리가 크고 길어지면서
잠에서 깨어나고 있다(근전도도 커졌다) (모리다 등, 1972)

전연 모르고 있다는 사실이다.

　세상일은 엿장수 마음대로 생각하기에 달렸다는 이야기를 할
때마다 이 코고는 사람의 이야기가 나오게 마련이지만, 이것은
결코 그런 것이 아니어서 어떻든 본인 자신도 자기가 얼마나
크게 코를 고는지 또 다른 사람이 얼마나 피해를 입는지 자고
있기 때문에 잘 모르는 것뿐이다. 실제로 자기의 코고는 소리
때문에 잠에서 깨어나는 일이 결코 없다고 하는 것은 그것을
알고 코를 골았다고 느낄 때는 이미 잠에서 각성되어 뇌 활동
이 어느 정도 작동되기 시작한 때여서 이때쯤의 각도(覺度, 잠
에서 깨어나는 정도)는 상당한 수준까지 도달해 있을 때인 것
이다.

　〈그림 16〉은 코를 고는 사람이 자고 있을 때 기록한 결과이
다. 이 피검자는 코고는 버릇을 스스로도 인정하고 있는 사람

인데 서파수면의 제2도 때 코를 고는 것을 볼 수 있다. 그 진
폭은 그림에서 볼 수 있듯이 소리가 점점 커지다가 코고는 것
이 멎는 순간 하악의 근육이 긴장되면서 눈을 뜬다. 호흡곡선
과 비교해 보면 이 사람은 숨을 들여 마실 때에만 코를 골고
있다. 이 사람을 깨워서 물어보면 코고는 것 때문에 잠에서 깨
어났다고는 말하지 않았다.

결국 실험적으로 이것을 설명한다면 이 사람의 코고는 소리
와 다른 사람의 코고는 소리를 녹음하여 양쪽을 똑같은 세기의
소리로 듣게 했을 때 자기의 코고는 소리에는 안 깨지만 다른
사람의 코고는 소리에는 깬다는 이야기가 된다. 현재까지 알려
진 바로는 소위 "습관(버릇)"이라는 뇌의 활동 때문에 자기가
코를 고는 소리에 놀라 깨는 일은 결코 없다고 본다. "버릇"이
라고 하는 것은 묘한 것이어서 굉장히 코를 골지 않으면 쓸쓸
한 느낌이 든다고 할 정도인데 이 버릇은 본인뿐 아니라 옆 사
람에게도 옮는 모양이다.

한편 코고는 버릇과 얽힌 이야기로서 이렇게 생각해 볼 수도
있다. 봉급인상을 요구하면서 회사 뜰에서 파업농성을 하는 노
동자들이 부르는 노래는 조합원들에게 있어서는 음악이지만 경
영장에게 있어서는 소음인 것처럼 코고는 소리로 마찬가지이
다. 코를 고는 사람과 그것을 듣는 사람에 따라서 낙음(樂音)으
로도 될 수 있고 소음으로도 될 수 있다. 앞에서 말한 바 있는
부부의 경우도 모처럼 동침하는 남편이 코를 골기 시작했다고
하더라도 애정으로서 들어주거나 혹 거기까지는 무리라고 한다
면 화가 좀 나더라도 꾹 참고 오히려 그 소리를 감상하는 아량
을 보여 주어야 한다. 이렇게 하는 것이 후에도 언급하겠지만

자기 자신에 대한 생리적 입면법(入眠法)도 되는 것이다.

그렇다면 도대체 코를 곤다는 것은 무엇인가. "잠을 자는 동안 연구개(軟口蓋)와 후인두벽(後咽頭壁)이 진동되면서 생기는 호흡음"이라고 할 수 있다. 이와 같은 현상은 누구에게도 일어날 가능성이 있는데 특히 중년과 노인, 혹은 음주 후에 많은 것은 구개근과 점막의 긴장이 저하되기 때문이다. 그리고 코를 골기 쉬운 자세는 입으로 숨을 쉬는 자세, 즉 위로 향하고 자는 앙와위(仰臥位) 자세가 되면 입이 열리기 쉽기 때문에 가장 일어나기 쉽다. 될 수 있는대로 옆으로 눕는 횡와위(橫臥位) 자세를 취하고 자면 좋다는 이야기가 되지만, 무의식 상태에서는 자세를 조정한다는 것은 불가능하기 때문에 의지로 고칠 수 없으니 딱하기만 한 것이다.

〈그림 17〉에서처럼 코고는 것을 방지하기 위한 여러 기구와 장치를 고안하여 쓰고 있다. 한 가지는 등 한 가운데 막대기를 대어 절대로 위를 향하여 눕지 못하도록 하는 방법인데 이것은 마치 고문(拷問)이라도 하는 것 같아서 이렇게까지 흉한 장치를 하고 잠을 잘 바에는 차라리 안 자고 깨어 있는 것이 나을지도 모른다. 입을 벌리지 못하도록 아래턱에 턱받침을 대고 머리를 매는 방법도 있고 또 숫제 입을 막아 버리는 마스크를 하는 방법도 있으며 권투를 할 때 무는 마우스피스를 물고 자도록 하는 방법도 있다.

하여튼 여러 예방법이 특허를 얻고 있지만 완전히 코고는 소리를 중지시키지는 못하는 것이다. 미국의 특허국에는 이상과 같은 장치들을 포함하여 무려 300여 가지에 달하는 "코골기 중절기(中絶器)"가 등록되었다는 이야기는 그만큼 코고는 것을

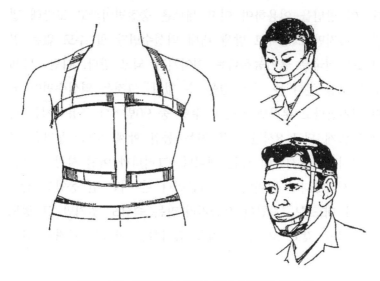

〈그림 17〉 미국에서 특허를 받은 "코골기 중절기"

중절시키기가 힘들다는 뜻이기도 하다. 기타 의학적인 방법으로는 구개수(口蓋垂, 목젖)를 절단하기도 하고 연구개(軟口蓋)를 단단하게 하기 위해서 파라핀을 주입하는 방법도 있다고 하지만 별 효과는 없다고 한다.

　코고는 것이 매우 심각할 정도가 되면 어떤 때는 가정적인 문제 혹은 사회적인 문제가 될 때가 있다. 아닌 밤중에 소음공해(騷音公海)로서 옆방이나 옆집사람에게 큰 괴로움을 주기도 하고 또 결혼 적령기의 처녀가 코를 고는 것 때문에 심각한 고민에 빠질 때도 있으므로 단순히 생리현상이라고만 해 둘 수는 없는 면도 있다.

　최근의 수면연구에서 알게 된 일이지만 이것은 서파수면 사이에 일어나기 때문에 역설수면에 들어가는 즉시 멎는다고 한다. 이 방법을 이용하여 어떤 새로운 중절법이라고 고안해 낼 법도 하지만 그렇다고 밤새 내내 역설수면만 할 수도 없는 일 이므로 결국은 불가능하다는 이야기가 되고 만다. 다만 "밤새 도록 코를 곤다"는 것은 있을 수 없다. 그것은 역설수면이 되 면 정지한다고 본다면 하룻밤 수면 중 90밤마다 조용해지는 시 간이 있게 되고 8시간 잠을 자는 동안 합계 2시간 동안은 코 를 골지 않는 시간이 있는 셈이다. 그러니까 어떤 사람이 코를 골기 시작했다면 많아야 한 시간이나 한 시간 반 동안만 참고 견디어 내도록! "천천히 서둘러라"라는 속담도 있지만 그 정도 의 여유를 갖고 코고는 소리를 감상하는 아량을 가져야 하지 않을까.

이를 가는 사람과 갈지 않는 사람

코를 고는 소리는 드르렁 드르렁, 쿠르륵 쿠르륵, 프욱 프욱 등 갖가지의 음색(音色)을 갖고 있다. 언젠가 여러 사람이 코고 는 소리를 녹음한 것을 들은 일이 있는데 이것을 듣기 싫다는 사람은 아무도 없었고 모두 웃고만 일이 있다. 요는 가만히 코 고는 소리를 듣고 있자면 일종의 익살스러운 맛이 있어서 좋 다. 그러나 잠을 자면서 부드득 부드득, 빠드득 빠드득 하고 이 를 가는 금속성 소리는 아무리 들어보아도 재미가 없고 기분 나쁜 소리로만 느껴진다.

남의 흉내를 잘 내는 사람도 코고는 소리는 쉽게 내지만 이 가는 소리는 좀처럼 낼 수가 없다. 대체로 꼭 같은 흉내를 내 기 쉬운 행동이나 행위는 수의성(隨意性)이 있기 때문인데 이것 은 의식적으로 조종이 되는 수의근(隨意筋)이 주로 작용하는 행동인 까닭이라고 할 수 있다. 반대로 흉내를 내기 힘든 행위나 운동은 불수의근(不隨意筋)이 주로 관계되기 때문이라고 할 수 있다. 이렇게 생각해 본다면 코를 고는 것과 이를 가는 것은 그 기본적인 기전이 서로 다르다고 추측된다.

이를 가는 것은 잠을 자고 있을 때 뇌파의 어느 상(相)에서 생기는 것일까. 처음의 서파수면의 제3도의 제4도에는 거의 일어나지 않고 제2도에서 약간 나타나지만 가장 많은 때는 역설수면 때라고 알려져 왔다. 그러나 그 후 더 면밀한 연구에 의하여 이가는 것의 90%가 제2도에서 일어나고 6%만이 역설수면 시에 나타나는 것으로 판명되었다. 어떻든 코고는 것과 다른 점은 역설수면 시에도 나타난다는 사실이다. 사람이 화가 몹시 나서 흥분되었을 때는 이를 부드득 갈며 손아귀를 굳게 쥐듯이 이때에는 교감신경(交感神經)이 긴장되어 있어서 아무리 무의식상태라고는 하지만 서파수면에 비교해서 교감신경이 더 긴장하고 있으므로 역설수면 시에 나타나는 것은 당연하다고 생각된다.

그렇다면 이가는 버릇을 고치는 방법은 없을까. 이것도 확실한 방법은 하나도 없다. 한 가지 실제 내가 경험한 바로는 실은 나는 코도 골고 이도 가는 사람이었던 모양인데 이가 노쇠하여 빠져 버려 마음먹고 윗니를 모두 "틀니"로 해버렸기 때문에 코고는 버릇은 어쩔 수 없지만 이가는 버릇은 깨끗이 없앨 수가 있었다. 생각지도 않은 일이지만 무엇인가 불수의근의 긴장을 완화시켜 주는 효과가 있었는지도 모른다.

이를 가는 버릇과 성격을 연관시켜 이러쿵저러쿵 이야기 하는 사람이 있긴 하지만 현재까지 신용할 수 있는 연구결과는 나온 것이 없다고 본다.

잠이 들면 신체에서 무언가 변한다

잠이 든 상태라는 것은 조금도 움직이지 않고 있는 상태이므로 맥박수는 감소할 것으로 누구나 생각하겠지만 꼭 그렇지만은 않다. 그 이외에도 여러 생리현상이 변화하고 있는데 이것들 역시 단순히 수면이라고 하는 현상 때문에 기인된다고 보는 것은 잘못이다. 예를 들면 잠이 들면 동시에 근육의 작용이 없어진다든가 정신적인 흥분이 일어나지 않는다든가하는 추측도 사실과는 크게 차이가 있는 것이다. 또 한 가지 그대로 지나칠 수 없는 것은 잠자는 자세가 변한다는 것이다.

사람이 잠을 자지 않더라도 입위(立位), 좌위(坐位), 와위(臥位) 순으로 자세가 낮아져 지구표면에 가까워질수록 맥박수가 감소되고 혈압은 낮아지는 것이다. 그리고 일단 잠이 들면 맥박은 환경의 변화에 영향을 받지 않는다고 한다. 가령 잠자고 있는 방의 온도와 기압, 습도가 변해도 맥박수는 변화하지 않는다는 이야기이다. 보통 맥박수는 잠이 든 다음 처음 2시간이 가장 많고 7시간째가 가장 적다고 한다. 옛날에는 맥박은 잠의 깊이와 평행하는 것으로 알고 있었지만 이것은 잘못된 생각이었고 현재에는 〈그림 23〉과 같이 하루 밤 사이의 맥박수의 변화는 수면상(相)의 변화에 따라 다양하게 증감되고 있는 것으로 보인다.

그러나 이전부터도 이와 같이 잠자는 동안 맥박수는 잠들자마자 일방적으로 감소만 하는 것이 아니라 때로는 갑자기 증가되기도 한다는 사실은 알고 있었고 또 그렇게 인정되고 있었

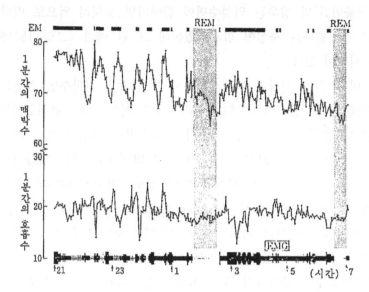

〈그림 18〉 혼수상태(식물인간)의 호흡 및 맥박의 변화, EM: 안구의
움직임, REM: 급속 안구운동, 오전 2시경과 7시경에 역
설수면이 일어나고 있다

다. 그렇지만 이것은 균일한 하나의 수면 현상으로만 생각하고
있었기 때문에 무언가 돌발적인 생리기능의 변화에 의한 것으
로 믿고 있었다. 그때 좀 더 끈기 있게 잘 조사해 보았더라면
수면 중에 갑자기 맥박수가 증가되는 현상이 하룻밤 중에도 몇
번씩이나, 그것도 주기적으로 일어나고 있는 사실을 발견하였
을 것이다. 바로 이것이 '역설수면'으로 정상 성인이라면 역설
수면 시의 맥박수는 어김없이 증가되고 있다. 우리가 조사한
바로는 생후 3개월 된 유아에서 감소된 예를 보긴 했지만 그
이상의 유아에서는 전부 맥박수가 역설수면에 들어가기만 하면
증가하고 있다. 그런데 오랫동안 혼수상태에 빠져 있는 소위

"식물인간"의 경우는 역설수면에 들어가면 오히려 역으로 맥박이 감소된다는 사실이 발견되었는데 그 한 예가 〈그림 18〉에 표시되어 있다.

이와 같이 사람이 자고 있는 동안 맥박은 서파수면 시에는 약해지고 역설수면 시에는 강해진다고 하는 것이 현재로서는 정설(定說)로 되어 있다. 그러나 역설수면 시에도 유아 초기나 식물인간에서 감소되는 것을 보면 맥박이라고 하는 자율기능 혹은 식물기능도 대뇌피질의 발달 정도, 바꾸어 말하면 활동 정도에 따라 변하는 것이라고 할 수 있다.

동물에 있어서는 아직까지는 발육단계에서 변화한다는 확증은 보고된 것이 없다. 고양이와 흰쥐에서 역설수면에 돌입하여도 맥박수는 증가하지 않고 거의가 불변이거나 오히려 감소하고 있다. 그런데 원숭이와 주머니쥐의 경우 증가된다고 하는 문헌을 보면 동물도 종속(種屬)에 따라 다른지도 모른다.

이미 50여 년 전의 일이지만 맥윌리엄(1923년)은 동틀 녘에 꿈을 꾸고 그 때 내장출혈을 일으켜 사망하는 사람이 있다는 사실을 보고한 바 있다. 아마 이것은 서파수면에서 역설수면으로 바뀌면서 맥박이 증가하고 혈압이 높아지면서 혈액순환계가 급격히 변화를 일으켜 일어난 것으로 생각되지만, 바로 그 때 본 꿈의 내용이 굉장히 무섭거나 불안한 것으로 감정을 몹시 상하게 하였다면 더욱 맥박과 혈압을 촉진시켰을 것이다.

일반적으로 사람이 이른 새벽에 출생하고 사망하는 경우가 많은 것은 역설수면(꿈), 또 꿈이 원인으로서 배격에 있다고 한다면, 인생은 꿈으로 시작하여 꿈으로 끝난다는 이야기가 될 법도 하다. 그야말로 "취생몽사(醉生夢死)"가 아니라 "몽생몽사

(夢生夢死)"라고도 할 수 있다. 어쩌면 우리 인간은 동물이 아니라 만물의 영장으로 태어나 인생을 구가하고 향락하고 있으니 이 행복한 일생 그 자체가 꿈일는지도 모른다. 그 꿈은 길기도 하고 또 짧기도 하다.

잠을 자면 혈압은 어떻게 되는가

잠이 들면 맥박수가 감소되는 것과 마찬가지로 혈압도 감소되는데 이 때에도 역시 잠자는 자세가 많이 관계된다. 혈압도 입위(立位)에서 좌위(坐位), 와위(臥位)로 자세가 낮아질수록 떨어지는 것이 보통이지만 개중에는 혈압이 오르는 사람도 있어서 맥박수처럼 자세에 따른 변화가 일정치 않다.

잠이 든 후 처음에는 혈압이 저하되다가 서파수면이 되면 상승하는 것을 보면 잠의 깊이와는 별 대응관계가 없는 것 같다. 혈압은 또 이때의 몸의 자세와도 관계가 없다고 한다.

그러나 역설수면(꿈)에 들어가면 갑자기 혈압이 변동된다. 이 때 혈압이 상승되는 것은 사람뿐이고 동물은 저하된다. 고양이 실험에서는 역설수면에 들어가기 직전에 상승하였다가 그 후에 하강한다는 보고도 있다. 또한 역설수면 사이라고 하더라도 안구운동이 나타나는 시기에는 특히 급격한 맥박 증가와 함께 혈압도 30mm(수은주)나 상승한다고 한다. 그리고 고양이는 역설수면 중에 돌연 혈압이 파상으로 동요될 때가 있는데 이것은 트라우베—헤링파(波)라고 하는 것으로서 호흡이나 심박동과는 관계없이 나타나는 혈압의 율동적인 변화인 것이다. 이 트라우베—헤링파의 원인에 대해서는 여러 가지 설이 있는데 나의 경험으로는 중추성(中樞性)인 것으로 호흡 중추가 흥분되기 때문

〈표 4〉 역설수면 시의 자율기능의 변화

	맥박	혈압	호흡
사람	↑	↑	↑
붉은털 원숭이	↑	↓	↓
고양이	↓	↓	↑
토끼	↓	↓	↑
주머니쥐	↑	-	↑
백쥐	↓	-	↑

이라고 추측된다. 고양이는 역설수면에 들어가면 교감신경계의 활동이 저하되지만 사람은 상승한다는 보고도 있어서 이 점에서는 맥박수와 혈압의 변화는 일치하고 있다. 그리고 사람의 경우에서 볼 수 있는 손의 피부온도가 서파수면 시에 상승되고 역설수면 시에 하강되는 현상도 역시 교감신경계의 긴장이 저하 또는 상승되는과 일치하고 있는 것이다.

잠을 자면 호흡은 어떻게 되는가

예부터 잠자는 모양을 가리켜 "쿨쿨 잔다"는 말로 표현하는데 분명히 호흡도 잠이 들면 규칙정연해지고 잠이 깊어짐에 따라 차차 호흡의 폭도 커지는 것이다. 그런데 역시 역설수면에 들어가게 되면 혹은 역설수면의 뇌파가 나타나기 전부터 호흡은 불규칙해지고 일정치 않게 되어 얕은 호흡을 자주 하게 된다. 이 호흡의 변화는 매우 분명히 나타나기 때문에 나는 역설수면을 확인하는 기준으로서 뇌파, 안구운동, 근전도(筋電圖) 등의 3요소를 결정인자로 이용하고 있지만, 만약 실험조작이 어

〈표 5〉 사람의 역설수면 시의 자율 기능의 변화. ○는 바로 앞의 서파수면 시의 값에 대한 증가를, ●는 감소를, 그리고 ×는 변하지 않음을 표시한다

	유아							성인	
	2	3	4	5	6	7	10	정상	혼수
호흡 수		○○						○○○	○
		○○		○	○			○○○	○
	○	○○	○	○	○	○	○	○○○	●
맥박 수		○○						○○○	●
		×○		○	○			○○○	●
	×	●○	○	○	○	○	○	○○○	●
피부 온도 (손)		○○						●●●	
		○○		○	●			●●●	
	○	○○	○	○	●	●	●	●●●	○

굿나 이 세 가지를 전부 기록할 수 없을 때에는 호흡의 변화를 보고 판정하고 있을 정도이다.

사람과 마찬가지로 고양이, 개, 토끼, 흰쥐는 역설수면에 들어가면 호흡수는 증가하고 얕아지는데 원숭이는 예외로 오히려 호흡이 느려진다고 한다. 사람의 호흡수는 일반적으로 역설수면에 들어갈 때와 직전을 비교하면 약 5%의 증가를 보인다고 한다. 그러나 나중에 언급이 되겠지만 감소되는 때도 있어서 맥박수와 마찬가지로 뇌의 고차원적인 활동을 주관하는 대뇌피질의 발달 여하에 따라 많은 영향을 받는 것처럼 생각된다.

고양이와 토끼의 경우 역설수면 전에 호흡수가 많아야 할 때 적고, 적어야 할 때 많아지는 이상한 경향을 볼 수 있다. 대체로 사람이나 동물을 막론하고 역설수면 중 안구(眼球)가 움직이고 있을 때에는 맥박과 혈압, 그리고 호흡까지도 불규칙해지는 것이 보통인데 특히 안구가 몹시 빨리 움직일 때에는 근육에도

불수의적인 수축운동이 나타나는 것을 볼 수 있다. 이와 같이 호흡과 순환계의 변화는 뇌의 각 중추가 흥분되거나 혹은 근수축이 급격히 일어나기 때문에 발생하는 현상인지도 모른다.

여기에서 자율신경 기능에 관계되는 맥박과 혈압, 호흡의 변화를 서파수면시를 기준으로 관찰한 결과를 〈표 4〉에 표시한다. 그리고 사람을 정상인, 식물인간(혼수상태), 유아기로 나누어 호흡수, 맥박수, 피부온도 등을 관찰한 결과를 〈표 5〉에 표시한다. 동그란 원은 실험한 대상의 수인데 흰 원은 증가를 나타내고 검은 원은 감소를 나타낸다.

아침에 음경이 발기되는 것은 무엇을 말해주는 것일까

예부터 아침에 났을 때 음경이 축 늘어져 있으면 정력(精力)이 감퇴되었거나 피로가 겹쳐 있기 때문이 아닌가 걱정하기도 하고 또 갓난아기의 음경이 꼿꼿하게 발기되어 있는 모양을 보고 "어머 얘는 조숙아군요!"하며 장래를 걱정하기도 한다. 어떻든 성기에 대한 일이므로 곧 성행동과 연관시켜 생각하려고 하는 사람이 많은 것 같다. 혹은 어떤 사람은 그것은 밤중에 화장실에 가지 않기 때문에 소변이 가득 차서 그렇다고 제법 그럴듯한 해석을 하기도 한다.

잠을 자고 있는 동안 음경이 발기되는 것을 제일 먼저 관찰한 것은 30여 년 전의 일인데 그 때 이미 발기가 85분마다 일어나며 평균 25분 정도 지속된다고 보고하였다. 그러니까 음경의 발기현상은 아침에만 일어나는 것이 아니고 하룻밤 동안 주기적으로 몇 번 일어나는 셈이며 혹 소변이 차기 때문에 일어난다면 몇 번 이불에 소변을 보았다는 이야기도 되는 것이다.

그 후 수면 연구가 많이 진행되어 20세에서 30세까지의 17명을 대상으로 하여 27회의 수면을 조사하여 본 바 그 사이에 역설수면이 평균 86회나 일어나고 이 역설수면 중 95%의 음경이 발기되는 사실을 볼 수 있었다. 다시 음경의 발기에 대해서 좀 더 자세히 조사하여 보면 발기는 역설수면에 들어가기 2.5분 전에 일어나서 최대로 커지는 것은 역설수면이 시작되어 5.4분이 경과된 때이며 음경의 위축은 역설수면이 끝나기 40초 전부터 시작된다. 완전히 제 크기로 되돌아가는 것은 역설수면이 끝나고 12.4분이 경과된 때이므로 이때쯤 잠에서 깨어난다면 음경은 이미 원래의 상태로 되어 있어서 발기되지 않았다고 생각하게 되는 것이다. 피검자 중의 한 사람은 실험을 하기 5시간 전에 성교를 하였는데도 이 행위와는 아무 관계없이 음경의 발기는 주기적으로 일어나고 있었다. 피검자를 잘 조사하여 보니 그중에 동성연애를 하고 있는 사람이 한 사람이 있어서 엿새 중에 적어도 두 번은 낮에 사정을 하고 있었지만 이 사람의 경우도 음경의 발기주기와는 별 관계가 없었다.

최근에 특히 성충동과 수면 중의 음경의 발기현상과의 관계를 연구하는 보고가 발표되고 있다. 이 보고서는 22세에서 32세 사이의 기혼 남자를 대상으로 연구하였다. 이 남자들을 10일간 금욕시켜 그 사이의 밤중의 수면기록을 하면서 음경의 발기상태를 측정하여 두고 11일 째 되는 날 성교를 하게 한 후에 기록을 한 것과 비교하여 본 결과 금욕한 후라서 특히 음경의 발기가 증강되었다고 할 만한 증거는 전연 볼 수 없었다.

그런데 정력이 감퇴되기 시작했다고 생각되는 71세에서 96세까지의 노인 18명에 대하여 조사한 결과를 보면 역설수면의

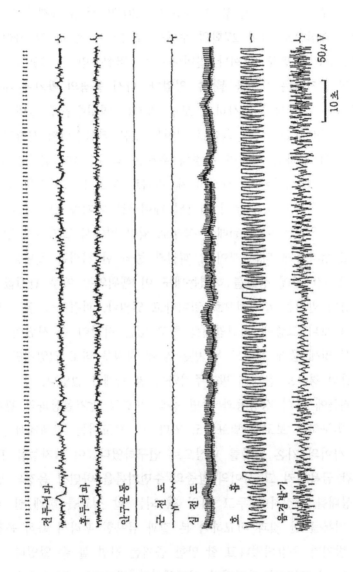

〈그림 19〉 3개월 된 유아의 역설수면 시의 음경 발기

55%에서 발기가 인정되었는데 이 수치는 청년에 비하면 낮은 값이었다. 그러나 71세에서 80세까지의 노인 12명에서는 청년과 별 차이가 없는 율을 보였다. 이번에는 특별히 87세, 95세, 96세 되는 세 노인에 대해서 조사해 보았다. 이들은 모두 이미 성교도 행하지 않고 있었고 여자를 보아도 성충동도 느끼지 않는다는 사람이 두 사람 있었다. 그러나 음경은 발기되고 있었다. 우리는 혹 유아에서는 어떨까 하여 조사하였는데 〈그림 19〉에서 볼 수 있듯이 생후 3개월 되는 갓난아기도 음경이 발기되고 있음을 알 수 있었다.

이상과 같은 여러 실험 보고의 결과로 미루어 보아 성에 관한 욕망이나 행동은 수면 중에 일어나는 음경의 발기현상과는 아무런 관계가 없으며 결론적으로 수면 중의 발기는 자율 신경의 기능(맥박, 호흡, 혈압 등)이나 불수의 운동의 기능(안구, 사지근의 움직임)과 같은 것이라고 생각되는 것이다. 〈그림 20〉은 우리가 측정한 실험의 한 예인데 제 1회째의 음경의 발기는 역설수면이 시작된 다음에 되고 있으나 그 다음 제 2회째부터는 매번 역설수면 전에 발기되는 사실을 볼 수 있다. 세 번 모두 발기는 역설수면이 끝나고도 계속 나타났다.

어느 날 내 연구실에 한 사람이 찾아 온 일이 있었다. 한 밤중에 음경이 발기될 때마다 눈을 뜨게 되어 그때마다 오줌을 누려 변소에 가지만 조금 밖에 나오지 않는다는 이야기였다.

이런 일이 매일 밤 계속되어 혹 노이로제인가 싶어 여러 의사를 찾아 물어보아도 아무 소용이 없어서 요 사이는 절에 가서 불공을 드리고 싶은 괴로운 심정뿐이라면서 호소를 하는 것이었다. 그 사람과 솔직히 대화를 나누고 보니 음경이 발기되

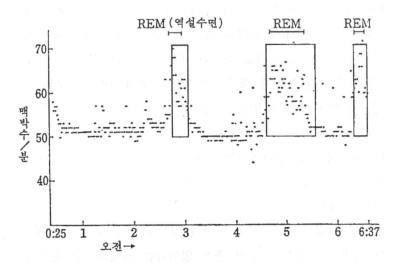

〈그림 20〉 음경 발기와 역설수면 및 맥박과의 관계. 사각형 안은 발기
기간을 표시한다(모리다. 1972년)

는 것을 그 사람은 오줌이 차서 그렇게 되는 것으로 착각하고
있었던 모양이었다. 며칠간 연구의 양을 측정하여 보이면서 이
것은 일종의 생리현상이라고 하는 사실을 스스로 인정하게끔
유도한 결과 10년 동안 고민해 오던 괴로움을 깨끗이 해결할
수 있었다.

여성의 경우는?

발생학적으로 남성의 음경에 해당하는 것은 여성의 음핵(클
리토리스)인데 이 음핵의 발기현상은 기록하기가 곤란하여 실
험결과를 얻을 수 없었다. 그런데 최근에 겨우 그 발기현상을
확인하는 실험이 보고되었다. 그것은 선천성 부신비대증(副腎肥
大症)으로 인하여 음핵이 커진 두 사람의 부인에게서 얻은 결

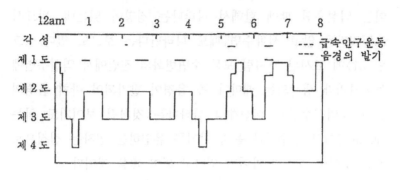

〈그림 21〉 서파수면 시의 음경 발기

과이다. 각각을 3일 이상 밤에 자고 있는 동안 기록하였는데 음핵의 발기 횟수도 건강한 남자의 경우와 같았고 대부분은 역설수면과 일치하고 있었다.

　　여성의 질벽의 혈류량(血流量)의 변화를 측정한 연구가 있다. 먼저 "판타지 트라이얼(空想試驗)"을 행했다. 즉 여성에게 성적인 흥분이 일어나도록 생각하게 하거나 음담패설을 읽도록 하면서 본인으로부터 흥분되었다는 신호를 받았을 때 질벽의 혈류를 측정하는 것인데, 성적으로 흥분하였을 때는 확실히 혈류량도 증가하였고 반대로 흥분이 가라 앉았을 때는 감소되었다고 한다. 계속해서 이 혈류량의 변화와 역설수면과의 관계를 조사하여 본 결과 합계 20회의 역설수면 중 19회에서 질벽의 혈류가 증가하고 있음을 인정할 수 있었으며 또 17회의 혈류변화가 서파수면 시에 나타났다. 이와 같은 실험은 어느 다른 사람이 시도한 예가 없어 비교를 할 수 없고 사례도 적기 때문에 아직은 확실한 이야기는 못 된다.

　　이상의 남녀의 결과에서 보면 음경과 음핵의 발기는 어느 것이든 역설수면 때에 한해서 나타나는 경향이 있는데, 반드시 그렇지만은 않고 서파수면 때도 나타난다는 보고도 있다. 〈그림 21〉에 표시된 것처럼 모든 수면변화의 전반에서 역설수면에 들어가리라 생각되는 때마다 꼭 음경이 발기되어 마치 음경의 발기가 역설수면을 대신해서 나타나는 것처럼 보이기도 하는데, 요컨대 역설수면과 음경 발기를 유인하는 인자는 질적으로 같은 것이며 양적인 차이만 있다고 봐야 좋을 것이다.

갓난아기가 잠이 오면 손이 따뜻해지는 것은 정말인가

정말이다. 최근 기우찌(1973년)는 생후 3개월에서 1년 미만 되는 남녀 유아 18명을 대상으로 눈을 뜨고 있을 때, 조름이 올 때, 깊이 자고 있을 때 등 각각의 시기에 머리 꼭대기, 이마, 볼, 목, 손잔등, 손바닥의 피부온도를 측정하였는데 졸음이 오려고 할 때에는 손잔등과 손바닥의 온도가 높아지는 반면 머리끝과 이마는 낮아지는 사실을 발견하였다(그림 22). 이와 계속되는 실험으로 우리 연구실에서 뇌파와 심전도(心電圖)를 겸해서 피부온도를 측정하여 본 결과 〈그림 23〉과 같이 잠이 깊이 들면 들수록 온도가 상승하고 있음을 알 수 있다.

가족 중에 어린 아기가 있는 사람은 잠들려고 보채는 아기의 손을 잡아 보았으면 싶다. 아마 깜짝 놀랄 정도로 아기손이 따뜻한 것을 발견할 것이다.

나는 언젠가 집에 있는 고양이로 확인해 본 일이 있다. 잠들려고 할 때는 분명히 따뜻한 감을 느낄 수 있었지만 문제는 역설수면 때에 어떻게 되는가 하는 것이다. 이 문제는 다음 절에서 말하기로 한다.

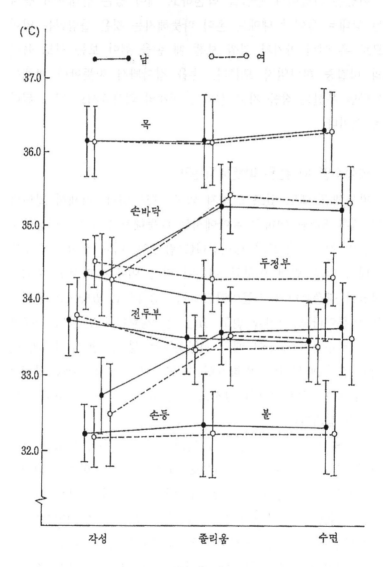

〈그림 22〉 유아의 각 부위에 따르는 피부 온도의 변화

어떻든 사람이나 동물을 막론하고 깨어 있는 상태에서 잠자는 상태로 들어갈 때에는 손이 따뜻해지는 것은 틀림없는 일이므로 혹 어린 아기가 낑낑 보챌 때 손을 쥐어 보는 것도 육아의 비결중 하나일지 모른다. 손을 잡아봐서 따뜻한데 보채는 듯하면 우선은 잠을 자고 싶다는 신체의 의사표시로 봐도 된다는 것이다.

역설수면 때 손은 따뜻해지는가

따뜻해질 때도 있고 그렇지 않을 때도 있다. 자세히 말한다면 생후 5개월 이하의 유아에서는 따뜻해지고 6개월 이상에서 어른의 경우는 온도가 내려간다(그림 23). 이와 같이 역설수면인데도 생후 반년 이하와 어른이 다른 이유는 아직도 대뇌의 발달이 불충분하기 때문이라고 나는 생각하고 있다. 그 증거로는 어른이라도 의식을 잃고 있는 혼수상태(식물인간)의 경우에는 역설수면이지만 이 때의 피부온도는 생 후 반년 이하의 아기와 같기 때문이다. 말하자면 식물인간의 대뇌의 활동 상태는 생 후 반년(아마 그 이하일지도 모른다) 되는 아기의 상태로 되돌아간 상태이다.

그렇게 생각해 본다면 잠을 자고 있을 때 손의 온도가 오르락내리락 하는 것은 뇌 중에서도 최고의 역할을 하는 대뇌피질에 의한 것이라는 추리도 할 수 있다. 그래서 우리는 다음과 같은 실험을 시도하여 보았다. 즉 손등 위에 작은 원반상의 더미스터(抵抗溫度計)를 반창고로 잘 고정시켜 놓고 그 온도의 변화를 계기로 읽음과 동시에 뇌파와 근전도도 폴리그래프에 기록되도록 장치를 하였다. 그 다음 피검자에게 한 자리의 숫자

를 가산하는 간단한 암산을 계속하도록 하고 그 해답을 입으로
보고하도록 하는 동작을 1분간 계속시켰다. 이 실험에서 14명
의 피검자 중 9명에서 손등의 피부온도가 평균 0.16℃가 저하
되었다.

이와 같이 피부 온도가 저하되었다고 하는 것은 그 부위에
흐르는 혈액량이 감소되었음을 의미하고, 혈액량이 감소되었다
고 하는 것은 그 부위의 혈관이 좁아졌음을 의미하고, 혈관이
좁아졌다고 하는 것은 결론적으로 그 혈관벽을 지배하는 교감
신경이 흥분되었기 때문이라고 생된다. 실제로 손의 혈관은 교
감신경만으로 수축과 확장이 조절되며 정신적인 긴장이나 스트
레스, 주의, 암산 등에 의해서 뇌가 흥분되는 때에는 교감신경
긴장증(緊張症)이 생긴다고 하는 것은 잘 알려진 정설이다. 결
국 손의 피부온도가 내려가는 것은 뇌가 흥분한 결과라고 할
수 있다.

그러나 개중에는 암산을 시키면 차차 온도가 올라가는 사람
이 있는데 이 사람은 아만이나 주판에 능숙한 사람이었다. 과
연 수학적인 능력이나 예술적 재능의 차이를 판별하고자 할 때
이와 같이 간단한 피부 온도 측정법으로 할 수 있다면 얼마나
편리할까?

잠을 자도 안구는 움직인다

어느 날 아침 섬칫 놀라 잠에서 깨어 보니 아무래도 집사람
이 깨워준 것 같았다. "당신 눈알이 너무 움직이길래 무서워서
깨웠어요. 깨어 있으셨어요?"하고 아내가 묻는다. "아니 자고
있었지. 그래, 꿈을 꾸고 있었어. 분명히 오사카 역전에서 빈

택시가 있는지 두리번거리고 있었던 거야."

내가 이것을 경험한 것은 극히 최근의 일인데 그 후부터는 아무 때곤 잘 때 눈알이 움직이면 곧 깨워 달라고 단단히 부탁 하였지만 그 후엔 한 번도 깬 일이 없다. 이와 같이 경험하지 않으면 꿈꿀 때 안구가 움직이는 것을 실감하기란 매우 힘든 일이라는 것을 우리는 알고 있다.

잠을 자고 있을 때 눈알이 움직인다는 사실은 19세기 말부 터 알려져 있었고, 특히 꿈을 꿀 때는 마치 무엇을 좇아가는 듯이 눈알이 움직인다는 것도 알려져 있었다. 그러나 20세기에 들어오면서부터 더욱 활발하게 연구됨으로써 "사람이 꿈을 꾸 고 있을 때는 비록 눈꺼풀은 감고 있지만 그 속의 눈알은 매우 활동적이 되는데, 깨워서 물어 보면 꿈을 꾸었다고 대답할 것 이다"라고 할 정도로 눈알의 운동과 꿈과는 밀접한 관계가 있 는 것으로 판명되었다.

안구의 움직이는 방향과 꿈의 시각상(視覺像)과도 밀접한 관 계가 있어서, 가령 꿈속에서 보인 물건이 세로로 움직였으면 안구는 수직으로 움직이고, 가로로 움직였으면 안구는 수평으 로 움직인다는 것이다. 〈그림 24〉의 위쪽을 보면 안구가 좌와 우로 26회 규칙 정연하게 움직였는데 깨워서 꿈의 내용을 물어 보니 "지금 깨기 직전까지 두 사람의 친구가 탁구시합을 하고 있는 광경을 보았다"는 것이다. 탁구대 옆에 서서 탁구공이 왔 다 갔다 하는 것을 열심히 보고 있었다는 대답이었다. 〈그림 24〉의 아래 그림은 안구가 수직 방향으로 5회 움직이고 있었 는데 깨워서 물어 보니 "오래 된 고가(古家)의 뒤뜰에 있는 계 단을 걸어 올라가던 길인데 한 계단 올라가서 위쪽을 바라보곤

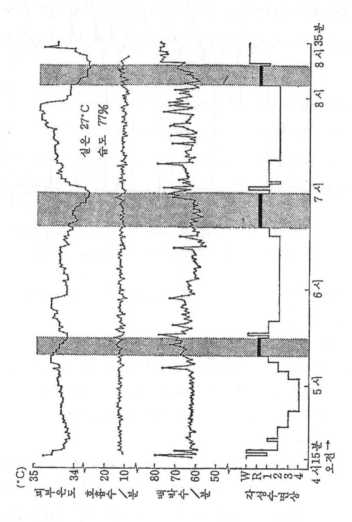

〈그림 23〉 19세 여학생의 피부 온도의 변화(W는 각성, R은
역설수면, 1,2,3,4는 서파수면의 정도를 표시한다)

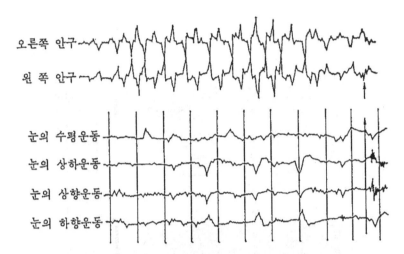

〈그림 24〉 꿈을 꿀 때의 안구운동. 위 그림은 탁구 치는 꿈, 아래 그림은 계단
을 올라가는 꿈(화살표시에서 깨웠다. 데멘트 등, 1967년)

하였으며 계단의 수는 아마 5단이나 6단 쯤 되는 듯하다”고 대
답하는 것이었다.

이와 같은 예에서 볼 수 있듯이 안구가 움직이는 방향과 꿈
에서 본 광경은 일치하고 있으며, 특히 청년과 노인의 역설수
면을 비교해 보는 경우 노인에게 특히 수직 방향의 안구 운동
이 적은 것으로 미루어 보아 이것이 혹 역설수면이 강하기 때
문이 아닌가 생각한다.

안구가 움직이는 방향은 별 문제라고 치더라도 그 운동이 다
소 꿈과 깊은 관계가 있는 것만은 틀림이 없다. 사람은 하룻밤
에 역설수면을 4회 내지 5회 갖게 되는데 그중 전반에서는 안
구가 별로 움직이지 않고 후반, 특히 날이 밝을 녘에 가까운
때 격렬하게 움직인다고 한다. 그리고 일반적으로 꿈이라고 말
하는 것들 중에는 사실상 꿈인지 생시인지 모를 소위 비몽사몽

인 경우라든지 괴상한 환상(幻像)과 같은 느낌이었다든가 혹은 때로는 꿈을 꾸고 있는 것이 아니라 막연히 무엇인가 골똘히 생각하고 있었던 경우가 있는 것이기 때문에 꿈의 정의 그 자체가 매우 모호한 것이라고 할 수 밖에 없다. 대체로 "사고형(思考型)인 꿈"은 하룻밤의 전반에 많이 꾸고 "몽상형(夢想型)"인 꿈은 후반에 많다고 한다.

그런데 몽상형인 꿈을 꾸는 경우에는 시각상(視覺像)이 분명하여 기억해 내기가 쉽다. 이것은 역설수면의 중추를 뇌의 교부(橋部)라고 한다면 여기에서부터의 자극이 강하게 대뇌피질을 흥분시킬 때 활발한 꿈을 꾸게 되기 때문이라고 볼 수 있다. 따라서 교(橋)에서 대뇌피질로 가는 도중에 동안신경핵(動眼神經核)을 강하게 자극하게 되므로 안구가 그렇게 격렬하게 운동하게 된다고 해석할 수 있다.

최근의 연구에 의하면 피검자가 연구실에 익숙해질수록 안구운동이 증가된다는 보고도 있는데 이것은 곧 환경인자라든지 정신적인 습관 등의 영향이 크다는 것을 암시해 주는 것이다. 요는 안구가 움직인다는 것은 꿈의 내용 자체에 관계된다고 하기보다는 꿈의 들러리격으로서 혹은 꿈을 일으키는 방아쇠와 같은 역할을 한다고 생각된다. 이제 막 출생한 갓난아기가 시각적인 꿈을 꿀 것이라고는 생각할 수는 없지만 어른과 비슷한 속도로 안구운동이 일어날 것이라는 추측은 충분히 할 수 있기 때문이다.

선천적으로 눈이 안 보이는 사람은 시각적인 꿈은 꿀 수 없어서 꿈속에 소리나 맛은 나타나지만 물건이나 동물의 형체가 나오지 않고, 안구운동도 일어나지 않는다. 그러나 "스트레인

게이지"(미소한 안구운동도 민감하게 측정할 수 있는 기계)로 조사해 보니 태어나면서부터 눈이 안 보이는 사람도 역설수면 때는 안구가 움직이고 있는 사실이 판명되었다. 그렇지만 그 측정방법에는 의문점이 있다고 하는 사람도 있다. 실험으로 갓 난 원숭이 새끼에게 시각 활동이 일어나지 못하도록 하면 정상 인 원숭이보다 안구운동이 감소된다고 한다. 나의 경험에 비추 어 보더라도 꿈속에서의 시각상(視覺像)과 안구운동과의 관계를 부정할 수는 없다.

데멘트는 사람이 꿈을 꾸고 있을 때보다도 눈을 뜨고 실제로 물건을 보고 있을 때(각성상태)의 안구운동을 조사하여 보았는 데, 각성상태일 때라도 시각상과 안구운동과의 관계는 10%의 정확성을 보이지 않고 있음을 알 수 있었다.

따라서 결론적으로 잠자고 있을 때의 안구운동은 식물인간에 게서도 일어나는 것으로서 뇌의 하방으로부터의 자극에 의해서 일어나기도 하고 뇌의 고위의 대뇌피질로부터의 자극으로도 일 어난다고 할 수 있다.

어떻든 잠자고 있을 때의 안구운동은 그리 쉽게 알아볼 수는 없는 것인데 그 실례로서 다음과 같은 고양이 실험을 해본 일 이 있다. 고양이가 자고 있을 때 역설수면의 중추라고 생각되 는 뇌의 교부(橋部)를 전기로 자극하여 인공적으로 역설수면을 일으켜 본 결과 자연적으로 발생된 경우에 비해서 뇌파 근전도 (腦波筋電圖)의 곡선은 변화가 없이 같았지만 안구운동만은 매 우 늦게 일어나고 있음을 알았다. 즉, 이는 역설수면의 3요소 중에서 안구운동이 가장 일어나기 힘든 것이라는 것, 다시 말 해서 자극에 대해서 저항이 크다는 것을 의미하는 것이 아닐까. 이것은 눈먼 장님으로 태어난 사람이나 식물인간은 안구운동이 되지 않는다는 것이나, 일어나더라도 너무 약해서 볼 수 없다는 사실을 뒷받침하고 있는 당연한 결과인지도 모른다.

차 안에서 "꾸벅꾸벅" 조는 이유

옛날 어느 외국인이 우리나라에 와서 만원이 된 차안에서 꾸벅꾸벅 졸고 있는 사람을 보고 얼마나 밤늦게까지 일을 하는 근면한 사람들이기에 그러냐고 감탄하였다고 한다. 이와 같이 사람들이 조는 원인은 비타민 B가 부족해서 그렇다는 설에 신경을 곤두세우기도 하지만, 요컨대 피로가 겹친 수면부족이라는 사실에는 의심의 여지가 없다. 실제로 이 사실에 힌트를 얻어 고양이를 대상으로 하여 역설수면 때 근육의 긴장이 없어지는 사실을 발견한 사람도 있다.

물론 조는 것은 동양사람 특유의 현상은 아니지만 조는 것을 표현하는 말이 나라에 따라 다른 것이 재미있다. 일본사람은 배의 노를 젓는 모양처럼 허리를 구부리므로 "노젓기"라 하고 소련사람은 "코로 찧는다"고 하는데 코가 큰 모양을 보면 정말 그럴듯한 표현이다.

여러 동물을 관찰하여 얻은 결론 중의 하나는 역설수면의 3요소 중에서 뇌파와 안구운동은 변화하고 있는데 반해 근전도는 좀처럼 없어지지 않는 사실을 알게 되었는데, 그 동물은 새와 토끼였다. 그런데 모든 근육이 다 잠을 자고 있는 동안 특히 역설수면 시에 긴장이 없어지는 것일까. 그렇지 않다. 적어도 항문과 방광의 괄약근의 긴장은 잠을 자는 동안에도 없어지지 않으며, 최근 내가 조사해 본 결과로는 위장의 평활근도 잠자는 동안 변하지 않음을 알 수 있었다.

이와 같이 내장 기관을 지배하는 근육은 별도로 하고 신체의 운동이라든가 자세를 유지하는 근육은 잠을 자는 동안 어떻게 되는지 알아보자. 사람의 여러 골격근을 조사하여 본 결과 일단 잠이 들면 근육의 긴장은 없어지지만 역설수면에 들어감과 동시에 근긴장이 완전히 없어지는 것은 머리와 목의 근육뿐이고 몸통과 팔, 다리의 근긴장은 없어지지 않는다는 사실을 발견하였다. 예를 들어서 어린 아기가 잠을 자고 있는 모습에서 전신의 근육은 풀려져 있지만 손가락은 주먹을 꼭 쥐고 있는 것을 흔히 볼 수 있다. 이렇게 어린 아기가 자고 있는 데도 손가락을 꼭 쥐고 있는 현상을 가리켜 "조상의 흉내"를 내는 것이라고 보는 설이 있다. 즉 인류의 선조가 삼림생활을 하고 있을 때의 기능의 유물이라는 것이다. 이 현상은 동물에서도 아직 미숙한 어린 새끼에서 볼 수 있는 것으로서 새끼 원숭이가 어미원숭이의 몸을 양손으로 붙들고 있을 때라든지 박쥐가 나뭇가지에 매달려 잠을 자고 있을 때도 수족의 힘에 의해서 지탱이 되는 것이다.

어쨌든 잠들면 근육의 긴장이 차차 없어지는 것은 누구라도 쉽게 알 수 있는데, 보는 견해를 바꾸어서 가령 깨어 있는 상태 에서 사람의 자세는 지구의 인력에 저항해서 근육을 긴장시킴으로써 서 있기도 하고 앉아 있기도 할 수 있는 것이다. 그런데 잠이 들기 시작하면 차차 근육의 긴장이 풀려 신체는 단지 물체상(物體像)으로 되어 그 무게로 인해서 지구 표면에 접근해 버리게 된다. 이 때 근육 중에서도 특히 머리와 목의 근육이 먼저 긴장이 없어지게 되지만 몸통의 근육은 그대로 있어 자세는 유지된다. 이렇게 되면 무거운 머리를 지탱해주는 힘이 없게 되어 머리는 하나의 물체처럼 지구를 향하여 낙하하기 시작한다. 이 낙하된 상태의 말초자극을 근육에서 감지하여 이 정보를 뇌에 보내어 다시 의식을 조금 되찾게 만들어 주는 것이다. 이 때 비로소 되찾은 의식 속에서 목의 근육을 긴장시켜 다시 머리를 쳐들고 바로 보게 된다. 이 과정이 곧 존다고 하는 현상을 기전적으로 설명한 것이다.

잠이 들 때 근긴장이 없어진다는 것은 결국 척수(脊髓)에 있는 운동신경의 출구라고 할 수 있는 전각세포(全角細胞, 척수의 회백질의 앞부분에 있는 운동세포)의 기능이 억제되기 때문이다. 이것은 뇌간(腦幹)의 교—연수(橋—延髓)에 위치하는 "운동을 억제하는 경로"가 자극되는 것에 기인된다고 하더라도 수의적인 정교한 운동, 불수의적인 무의식 속의 운동, 혹은 전체 몸의 자세를 유지하기 위한 지속적인 긴장운동이 있는가 하면 분명히 자는 상태인데도 그 속에서 걸어 다니는 몽유보행(夢遊步行), 잠꼬대, 자다가 몸을 뒤채는 것 등 매우 복잡한 운동들이 많이 있어 이 운동들이 기전을 해명한다는 것은 극히 힘듦으로 장래에 기대해 보는 수밖에 별 도리가 없다.

그것은 그렇다 치고 차 안에서 조는 것은 물론 누가 뭐라고 하더라도 모두들 자고 싶을 때는 자는 것이 건강상 좋은 것이다. 그렇게 함으로써 피로가 풀리고 또 어디에서든 어느 때이든 잠을 잘 수 있다는 안정감을 양성시킬 수 있을 뿐만 아니라 좀 더 나아가서는 불면에 대한 저항력을 강화시킬 수도 있는 것이다.

낮잠에서 깼을 때 기분이 좋고 언짢은 것은 어째서일까

누구나 낮잠에서 깼을 때 머리가 산뜻하고 기분이 좋은 때가 있고, 어딘가 머리가 얼떨떨하고 찌뿌듯하고 기분이 언짢은 때가 있는 것을 경험하였으리라. 나의 경험으로는 낮잠을 좀 오래 잤을 때는 기분이 좋지 않고 잠깐 자고 났을 때는 기분이 상쾌한 것 같이 느껴진다.

낮시간에 잠을 자는 양상은 밤잠과는 어떻게 다른가. 다음과 같은 실험을 한 일이 있다. 25명에게 연구실에서 낮잠을 자도록 하였다. 그중 12명은 오후 1시 반에, 그리고 13명은 오후 7시 반에 잠들도록 하였다. 전자의 경우는 "낮잠"이지만 후자는 "밤잠"에 해당되는데 어느 경우든 2시간씩 자도록 하였다. 역설수면이 나타난 것은 낮잠반 중에서 8명, 밤잠반에서는 4명이었다. 그 수면상(睡眠相)의 비율을 비교해 보면 〈표 6〉에서 볼 수 있는 바와 같이 낮잠의 경우에는 서파수면의 제3도와 제4도가 적고 역설수면이 많았으나, 밤잠의 경우는 그와 정반대로 나타났다.

보통은 하룻밤에 자는 수면에서 처음 3분의 1기간에는 제4도의 수면상이 많고 역설수면이 적으며, 후반 3분의 2기간에는 이 관계가 역으로 되는 것으로 알려져 있다(그림 6 참조). 여기에서 보면 낮잠의 수면상은 보통의 밤잠의 후반 3분의 2 기간의 것과 비슷하고 밤잠은 처음 3분의 1 기간의 잠과 비슷하다. 또한 아침 9시에 다시 누워서 2시간 잘 때의 수면상은 역설수면이 많고 제4도가 적다. 이때의 수면상은 새벽녘의 잠과 닮은 것이다.

낮잠에 대하여 더 자세히 조사한 연구보고가 있다. 17세에서

〈표 6〉 낮잠과 밤잠의 수면상의 비교(마론 등, 1964년)

	낮잠	밤잠
역설수면의 합계(분)	15.9	3.9
전체수면시간에 대한 역설수면의 백분율(%)	14.6	3.9
전체수면시간에 대한 서파수면 제3도와 제4도의 백분율(%)	19.3	41.3

21세의 청년 36명을 대상으로 한 것인데 오후 12시 반, 오후 2시, 오후 4시 반에 각각 2시간 씩 연구실에서 낮잠을 자도록 하였다. 이때의 결과를 보통 하룻밤의 밤잠의 처음과 나중의 2시간과, 그리고 오전 9시부터 2시간 자게 한 결과와 비교하여 보았는데 그 연구결과를 〈표 7〉에서 볼 수 있다(웹, 1967년). 이 표에서 특히 제4도와 역설수면의 관계를 보면 낮잠을 자는 시간이 밤에 가까울수록 그 수면상의 비율이 하룻밤의 밤잠의 처음 2시간과 비슷하다. 〈표 6〉의 밤잠의 경우도 같다. 그런데 낮잠시간이 아침에 가까울수록 이 관계는 밤잠의 나중 2시간과 비슷한 것을 알 수 있다. 이 결과로부터 말한다면, 가령 역설수면을 잘 때 꿈을 많이 꾼다고 한다면 낮잠을 자되 아침에 가까운 때에 자면 꿈을 많이 꾼다는 이야기가 된다. 어째서 아침녘에는 역설수면이 많은데 저녁때가 될수록 적어지는지 그 이유는 알 수 없다. 어떤 사람은 이것이 체온의 변화와 관계가 있다고 한다. 사람의 체온은 아침에 제일 낮아지며 낮 시간이 되

〈표 7〉 낮잠(2시간)과 밤잠 수면상의 비교(백분율, %)

	각성	서파수면				역설수면
		제1도	제2도	제3도	제4도	
밤잠의 최종 2시간	1	7	47	3	3	39
오전 9시	4	12	48	4	0	32
오후 12시 반	11	14	44	4	15	12
오후 2시	8	9	42	7	18	15
오후 4시	17	11	37	6	20	8
밤잠의 최초의 2시간	1	6	36	11	43	3

면서 서서히 상승하여 저녁에 최고에 달하게 되는데 역설수면의 양은 바로 이것과 정반대로 나타나는 것이다. 그러나 어째서 체온이 낮으면 역설수면이 많아지는지에 대해서는 아직도 그 이유를 모르고 있다.

다음으로는 잠에서 깨어나는 문제를 생각해 보자. 사람이 자고 있는 동안 여러 단계에서 깨웠을 때의 감각, 운동, 인식 능력 등을 조사해 본 연구결과가 있다. 그 결과에 의하면 서파수면의 제3도와 제4도에서 깨우면 인식 능력이 좋아졌는데 이것은 곧 정신이 분명해져 있었음을 의미하는 것이다. 제3도와 제4도에서 깨웠을 때는 몽유병(夢遊病) 환자와 같은 이상한 거동을 하면서 머리가 멍해져 있었다. 그러므로 낮잠을 자려면 가능한 한 제2도와 역설수면이 많은 "오후 2시"가 좋고, 그렇지 않으면 짧은 시간만 자고 제2도 때 눈을 뜨든지 아니면 아주 푹 자버려 역설수면이 끝난 다음에 깨는 것이 정신적으로 상쾌한 기분이 된다고 생각된다.

다우브(1975년) 등은 18명의 남자 대학생을 대상으로 낮잠의 효과를 조사하여 보고하였다. 이들에게 2시간 낮잠을 자도록 습관을 붙여주었다. 여기에서 낮잠을 자지 않을 때와 대조하여 자기 전과 자고 난 후의 소리와 언어에 대한 반응력을 비교하여 본 결과, 확실히 낮잠을 자고 난 후의 반응력이 훨씬 좋았다고 한다. 이것은 이들이 30분 혹은 2시간 동안 낮잠을 자고 난 후 기분이 상쾌하였음을 의미하며, 30분 혹 2시간이라는 시간도 시간의 길이로 보아 대체로 서파수면의 제2도이거나 혹은 역설수면에 해당되는 것이었다고 본다.

그러나 이와 같은 방법에는 문제가 있다. 예를 들어 흡연자에게 담배를 피우게 했을 때와 피우지 못하게 했을 때의 뇌 활동을 비교해 보면 피웠을 때의 성적이 더 좋다고 하는 것과 마찬가지여서 낮잠을 자는 습관이 없는 사람도 검토해 보아야 할 필요가 있다.

어찌 되었든 "낮잠에서 깨어나 새 기분으로 일하는 즐거움"을 맛보는 것이 바람직한 일임에는 틀림없다. 학생 시절에 강의를 들으면서 꾸벅꾸벅 졸고 난 다음에 기분이 상쾌했던 일을 지금도 기억한다. 나는 지금은 그런 학생을 바라보는 처지가 되었지만 그 학생이 졸고 난 다음에 느낄 상쾌한 기분을 생각해서 조는 학생을 방해하거나 못마땅한 태도를 보이는 일은 하지 않는다.

자명종이 울리기도 전에 눈을 뜨게 되는 것은 어째서일까?

내일은 꼭 6시에 일어나야 하겠는데 아무래도 자신이 없어 자명종을 6시에 맞추고 잤더니 오히려 자명종이 울리기도 전에 잠에서 깨어났다고 말하는 사람이 많다. 나도 이런 경향이 있지만 반대로 자명종이 몇 번 울려도 그냥 자버리고만 예도 있다.

마침 자명종이 울리기도 전에 눈을 뜨게 되는 것은 아무리 생각해도 이상하여 혹시 잠자고 있는 동안도 시간 가는 것을 알고 있는가 할 정도로 신비롭게 생각되는 것이다.

그러면 눈을 뜨고 깨어 있을 때의 시간감각은 어떻게 되어 있는 것일까. 이에 관하여 호그란드 박사는 "만약 시간의 감각을 뇌로 판단한다면 뇌의 화학적 대사의 속도에 따라 그 판단이 변하는 것이 아닐까"하고 골똘히 생각하였다. 바로 그 무렵 그의 부인이 독감에 걸렸다. 열이 많아 약방에 가서 감기약을 사다 달라는 부탁을 받았다. 20분쯤 걸려 약을 사가지고 돌아와 보니 부인은 왜 1시간 이상이나 걸렸느냐고 고집하는 것이었다. 보통 때는 아무렇지 않게 참고 견디던 부인이 오늘 따라 왜 이렇게 시간이 많이 걸렸느냐고 우기는지 이상하였다. 그는 아무 말 않고 스톱와치(경주에서 시간을 재는 시계)를 부인에게 주면서 매 1초마다 수를 세면서 60회(1분)가 되었다고 생각되는 때마다 시계를 누르라고 하였다. 부인은 음악가였으므로 시간감각은 누구보다도 예민하였다. 그런데 이상하게도 1분이 되기 전에 시계를 누르는 것이 아닌가. 분명히 55초 밖에 안 되는데 1분으로 느낀 셈이다.

그 후에도 호그란드 박사는 부인이 병을 앓을 때와 나은 뒤에 똑같은 검사를 25회나 해 보았는데도 결과는 똑같았다. 결

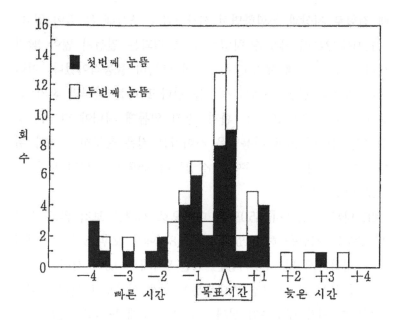

<그림 25> 목표시간에 대한 각성의 정확도(다르트, 1970년)

국 체온이 높을 때는 빨리 세고 낮을 때는 천천히 센다는 사실을 발견하였는데 같은 시험을 학생에게 시켜 보기로 하였다. 이로써 그는 시간경과를 짧게 느끼는 감각은 뇌 속의 화학적 페이스메이커(속도조절기)에 의해서 조절된다는 가설을 주장하기에 이른 것이다.

그래서 그런지는 몰라도 대사활동이 왕성한 젊은이들은 왜 이렇게 시간이 빨리 안 가는가 싶고 나이 많은 늙은이는 어째서 이렇게 시간이 빨리 흐르는가 한탄한다. 또 여름의 무더운 날은 시간가는 것이 느리고 추운 겨울날은 날이 **훌쩍훌쩍** 빨리 간다고 느껴지는 것인지도 모른다.

프랑스에서는 깜깜한 동굴 속에 2개월간 살면서 깨어 있을 때 전화로 지상과 통화하면서 시간감각을 조사해 본 일이 있다.

120을 2분에 세도록 하였는데 그 결과는 일정치 않아 빨리 세기도 하고 늦게 세기도 하였으며 다분히 율동적이었다. 이런 경우 암흑의 동굴 속에서 생활을 한다고 하는 환경과 혼자 외롭게 지내야 한다고 하는 환경, 혼자 외롭게 지내야 한다는 정신적인 영향이 크게 작용했을 것이라는 점은 충분히 이해가 된다. 그는 실제로 동굴 속에서 살았는데 35일간 살다가 나온 것으로 알고 있었다.

또 다른 실험에서 450명을 대상으로 시계를 보지 않고 시간을 맞추는 시험을 해 보았다. 오전 8시에서 오후 6시 사이까지 가장 정확하게 맞추는 시간은 오전 8시에서 10시 사이와 오후 4시 경이었으며, 정오경은 대부분이 실제 시간보다 빨리 느꼈고 저녁때가 되자 대부분이 실제 시간보다 늦게 느끼고 있었다.

이상의 예에서 볼 수 있는 바와 같이 사람이 깨어 있는 상태에서도 시간감각은 꽤 무디다는 것을 알 수 있는데, 하물며 잠을 자고난 다음에 어떻게 시간경과를 헤아릴 수 있을 것인가.

일반적으로 체내감각을 통해서 시간을 재는 것을 체내시계라고 하며, "배꼽시계"도 그 중의 하나이다. 일정한 시각에 눈을 뜨는 것은 오래 전부터 "머리시계" 혹은 "주의수면(注意睡眠)"이라는 말로 표현하여 오던 것으로서 뇌에서의 하나의 시간감각의 활동에 의한 것이다.

실제로 잠들기 전에 낮은 목소리로 "내일 아침 5시에 나를 깨워 주세요."라고 열 번 말하고 자면 틀림없이 5시에 눈을 뜨는 사람이 있다. 여기에 힌트를 얻어 20명의 여학생을 대상으로 실험하여 보니 과연 약 절반이 정해진 시간의 30분 이내에 깨고 개중에는 정확히 제 시간에 눈을 뜨는 학생도 있었다. 또한 100명의 학생 중에서 제 시간에 깨는 것에 자신이 있는 학생 11명을 골라 실험하여 보니 역시 그 능력이 증명되었고, 이런 학생들은 눈 뜰 시간이 가까워지면 벌써 몸의 운동이 증가하기 시작하였다. 그러나 일정한 시각에 깨겠다고 마음먹고 자더라도 그 시각에 단번에 눈을 뜨게 되는 일은 드물고 오히려 밤중에 여러 번 그렇게 생각할 때마다 눈을 떴다 감았다 하는 사이에 제 시간이 되어 깨는 경우가 많은 것도 사실이다.

10명의 대학생에 대하여 새로운 잠깨기 실험을 시행한 결과를 〈그림 25〉에 표시하였다. 첫 번째 눈을 뜬 수의 3분의 2(45회 중 28회)는 깨려고 마음먹은 목표시각보다 1시간 이내에 눈을 떴고, 두 번째도 거의 비슷하여 전체적으로 볼 때 목표시각보다 빨리 눈을 떴다. 그러나 이것은 본인의 집에서 한 실험이었기 때문에 그 중에서 가장 정확하게 깨는 학생 3명을 연구실로 오게 하여 시행하여 본 바 역시 결과는 마찬가지였다. 목표시각에 정확히 맞추어 눈을 뜰 때는 서파수면의 제1도가 되면서 갑자기 눈을 뜨곤 하였는데 그 생리학적 근거는 알 수 없다.

실제로 우리의 일상생활에서도 흔히 있는 일이지만 이상하리만큼 목표시각에 눈을 뜨게 되는 경험을 가지고 있고 그 시각 전에 몇 번이고 눈을 떠서 기계를 쳐다보곤 한 경험을 나도 갖고 있다. 문제는 내일 아침 기차에 늦지 않기 위하여 마음먹고 자는 경우에 어째서 밤중에 그렇게 여러 번씩이나 눈이 떠지는지 알 수 없는 일이다. 그것은 아마도 잠들기 전의 정신활동이 그 후의 잠의 깊이와 길이, 그리고 자극에 대한 감수성 등을 규제할 수 있다는 사실이 증명되면 해명되리라고 생각한다.

"잠자는 애는 크는 애"란 말은 정말인가?

발육과 관계가 깊은 성장호르몬이 주간보다 야간에 많이 분비된다는 사실이 헌터 등(1966년)에 의해서 발견되었는데 그 주요 원인은 잠자리에 들어가는 것은 저녁을 먹은 후 제법 시간이 경과된 후이기 때문에 공복상태가 하나의 요인이 될 수 있다는 것이다. 그 후 성장호르몬이 수면과 관계가 있을 것이라는 것이 논의되어 왔으며 더욱이 성장호르몬이 잠자는 동안에서도 서파수면 시에 많이 분비된다는 사실이 최근에 다카하시 등(1968년)에 의해서 확증되었다. 이들의 결과에 의하면 보통 어른의 경우 혈중 성장호르몬의 양은 잠들기 시작해서 불과 70분 후에 최고에 달하는데 그 때가 바로 잠들기 직후의 서파수면기에 일치되는 때인 것도 알게 되었다(그림 26). 이 최고값이 잠든 직후에 나타나는 현상은 잠을 좀 늦게 자든 일찍 자든 관계없이 똑같고, 완전히 주야를 역전시켜도 똑같아서 여하튼 잠들기 시작해서 어느 만큼 시간만 지나면 성장호르몬이 많이 분비되었다.

또한 잠자는 동안 성장호르몬의 혈중농도가 증가되는 것은 생후 3개월 이후에서 벌써 인정되고 있으며, 다만 어른처럼 잠든 직후의 서파수면기에 최고에 달하는 현상은 4~5세 이후에 비로소 나타난다는 것도 알게 되었다. 그런데 이 성장호르몬 분비의 양상을 시기별로 본다면 사춘기 전의 어린이에서는 수면 중에만 분비되지만 사춘기가 되면 깨어 있을 때도 분비되고, 성년기가 되면 다시 수면 중에만 분비되며, 50세 이상의 고령자가 되면 이때는 수면 중에도 분비되지 않게 된다고 한다 (핀케르슈타인, 1972년). 이상은 사람에서의 결과이며 더욱 자세한 점은 개 실험을 통해서 알게 되었다. 개의 경우 보통의 상태에서는 별 뚜렷한 곡선을 볼 수 없어서 개를 매일 오후 1시에서부터 5시까지 자지 못하도록 해놓고 4일째 되는 날 오후 5시부터 자유로이 잘 수 있도록 한 다음 성장호르몬의 분비량을 측정한 결과 사람과 마찬가지로 잠들기 시작하자 곧 분비량이 최고에 달하는 사실을 볼 수 있었다(다카하시 등, 1974년).

이상의 사실을 정리하면 어린이의 성장과 관계있는 성장호르몬은 어린이가 잠을 자는 동안 가장 많이 분비되는 것임에는 틀림이 없는 것 같다. 개 실험에 있어서 개가 보통 자고 깰 때 성장호르몬의 분비에 산(정점)이 없는 것은 마치 사람의 유아 때의 분비와 같아서 이때에는 유아도 하루에 몇 번씩 자고 깨고 하는 소위 "다상성(多相性)"인 수면성을 보여주는 때인 것이다. 그렇지만 아무리 개라도 할지라도 잠을 제한하여 수면부족 상태로 만든 다음에 자도록 하면 어른과 마찬가지로 잠든 직후 분비량이 최고에 달하는 것을 볼 수 있다. 이와 같은 사실에서 본다면 사람의 경우 어른은 항상 수면 부족 상태에 놓여 있는 것이 아닌가도 생각된다.

또한 이렇게도 생각할 수 있다. 즉 개든 사람이든 간에 젖을 먹는 어린 아기 때는 낮밤 없이 자유로이 자고 깨는 조건에서는 성장호르몬은 분비가 그리 많지 않지만, 주간에 될 수 있는 한 깨어 놀다가 정 졸려서 못 견디게끔 되었을 때에 자게 되는 조건에서는 성장호르몬이 다량으로 분비되는 것이라고 해석할 수 있다.

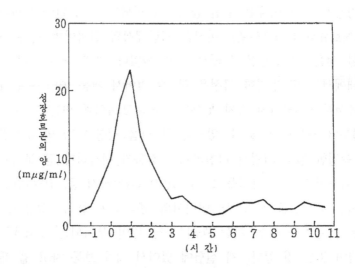

〈그림 26〉 정상성인 8명에 있어서의 수면시의 혈중 성장호르몬 양의
　　　　　변화(수면이 시작되는 시각을 0으로 한다)

　그렇게 생각해 본다면 내가 잘 아는 사람의 아들이 지금 중
학생인데 학기 시험을 치르는 때에 부쩍 키가 자랐다는 이야기
가 이해가 된다. 왜냐하면 시험공부 때문에 참을 대로 참고 견
디다가 도저히 자지 않고서는 못 배길 때 자는, 다시 말해서
수면의 요구도(要求度)에의 낙차(落差)가 클 때 자게 되는 경우
에 성장호르몬의 분비가 최고에 달할지도 모르기 때문이다. 아
닌 게 아니라 2차 대전 후 어린이의 평균 신장이 커진 것은 종
래 자식에게 강요해 오던 어버이들의 규범이 약화됨으로써 아
이들이 밤늦게까지 자유로이 활동하게 되는 일이 많아져 이것
때문에 아이들이 잠이 급작스레 깊어지는데서 연유되는지도 모
를 일이다.

2. 꿈의 세계

—그리고 다시 잠에 대하여

두 가지 꿈

역설수면이 발견됨으로써 수면에 두 가지 종류가 있음이 분명해졌고 더구나 역설수면 시에 꿈을 꾼다는 점에서 또 다른 서파수면을 가리켜 보통수면이라고 생각한 것이다. 그 후 역설수면이 잠자는 동안 많이 일어난다고 해서 한 때는 "사람은 꿈을 꾸기 위해서 잠을 잔다."고까지 말한 적이 있다. 그러나 사실상 막 잠들기 시작하는 때도 꿀 수 있음은 흔히 경험하는 일이므로 서파수면 때에도 꿈은 꿀 수 있으며 역설수면 때와는 같지 않지만 그래도 서파수면 시에 깨워서 물어 보면 그 중 74%가 꿈을 꾸고 있었다고 한다.

그러나 두 가지 잠이 질적으로 다른 것과 마찬가지로 이 때 꾸는 꿈의 내용도 각각 다르다는 사실도 판명되었다. 즉 자는 사람을 깨워서 "당신은 지금 꿈을 꾸고 있었소?"하고 물으면 "아니요. 별로 꿈은 꾸지 않았습니다. 그저 생각하고 있었을 뿐이지요."하고 대답하는 사람도 있다. 그래서 꿈을 "몽상형(夢想型)의 꿈(dreaming-like dream)"과 "사고형(思考型)의 꿈(thingking-like dream)"으로 나누어, 전자는 주로 역설수면 시에, 그리고 후자는 주로 서파수면(보통수면) 시에 꾸는 것으로 분류하고 있는 것이다. 서파수면의 제2도(1-2. '사람의 잠은 밤새 내내 똑같은가' 참조) 때 깨우니 "깨웠을 때 뭔가 이상한 일을 생각한 모양입니다. 내 마음 속에 남아 있는 것 가운데서 생각나는 것이 꿈인지 꿈이 아닌지를 생각하고 있었습니다."라고 말한 일이 있다. 이것은 분명히 "사고형"의 부류에 넣을 수 있는 꿈이다.

또한 제3도에 깨웠더니 "나는 어떤 일을 생각하고 있은 듯한

데 그것이 노란 종이조각이었든지 아니면 겨자였을 겁니다. 하여튼 뭔가 노란 것이었습니다. 아마 전에도 그 노란 물건을 생각한 일이 있었던 것으로 생각됩니다."라고 보고하였다. 이 경우에는 대상으로서의 시각상(視覺像)은 있지만 그것이 별다른 꿈의 내용으로서 발전 못한 것이다. 이 꿈도 역시 "사고형"이라고 볼 수 있다.

제2도에서 깨웠더라도 다음과 같이 "몽상형"인 꿈을 꾸는 경우도 있다. "나는 아내와 함께 가게에 가서 사이다를 마시고 있었습니다. 우리는 아주 조용히 이야기를 주고받고 있었죠. 아이 하나가 우리 곁에 있었던 것 같습니다." 이런 꿈은 분명히 "사고형"이라고는 할 수 없는 것이다.

또 다음과 같은 꿈도 몽상형에 확실히 넣을 수 있다.

"그것이 어딘지는 생각 안 나지만 음악이 크게 들려왔는데 아프리카적인 격렬한 음악이었습니다. 사람들이 뭔가 게임을 하고 있었는데 그것은 아주 거친 게임이었죠."

역설수면의 경우는 시작되면 5분 내지 10분 사이에 깨는 것이 보통이다. 많고 다양한 꿈의 내용을 "사고형"이냐 "몽상형"이냐를 정확히 판별하기란 매우 어려운 이이지만 대체로 여기에서 지적한 것과 같은 내용이라면 용이하리라고 본다. 사고형인 꿈 중에서도 잠들자마자 곧 꾸는 꿈은 잠들기 바로 전에 생긴 일이거나 혹은 그날에 일어났던 일, 최근에 걱정하고 있던 일 등 먼 옛날 일이 아니라 비교적 최근에 일어났던 일과 관련된 내용이 많다고 한다. 소위 "새로운(최근의) 기억"이 재생되는 것이다. 그런데 같은 서파수면이라도 하룻밤 중에서 후반에 깼을 때가 꿈꾼 일을 더 잘 생각해 낸다고 한다(표 8). "몽상

〈표 8〉 두 종류의 수면상과 꿈의 내용과의 관계

연구자	내용	역설수면(%)	사파수면(%)	
			(전반)	(후반)
케일 등 (1967년)	몽상형	81	4	12
	사고형	2	23	33
	없음	17	2	55
구디나프 등 (1964년)	몽상형	76	21	
	사고형	8	24	
	없음	16	45	

형"의 꿈은 옛날부터 흔히 "꿈"이라고 해 왔던 것으로서 비현 실적이고 본인과는 직접적으로 관계가 없는 사람이나 사건이 나타나는데 소위 "오래 된 기억"이 재생된다고 볼 수 있다. 보 통 깨어 있을 때는 절대로 생각이 안 나고 까맣게 잊어버리고 있었던 일이 꿈속에 나타나는 것이다. 어째서 이런 일이 생기는 지는 아직 알 길이 없다.

　꿈의 내용은 자는 사람을 깨우는 방법에 따라서도 다르다는 사실이 샤피로(1967년)에 의해서 보고된 바 있다. 꿈을 그리 많이 꾸지 않은 사람의 경우지만 천천히 깨워주는 편이 갑자기 깨워주는 것보다 "사고형"인 내용의 꿈을 더 많이 꾸게 한다고 하였다.

　또한 사람은 잠들어 버리면 완전히 고립된 암흑의 세계로 몰 입해 버리는 것으로 생각하기 쉬운데 결코 그런 것은 아니다. 예를 들어 야경증(夜驚症, 밤에 자지 않고 울며 보채는 것)이 있는 어린이는 잠이 푹 들 때까지 어머니가 곁에 있어 주어야 하는 것처럼 잠들기까지 주위의 여건이 잠들고 꿈을 꾸는데 큰 영향을 미친다는 사실을 알아야 한다. 그리하여 잠자리에 들기 전에 여러 종류의 영화를 보게 한 다음에 잠과 꿈을 조사하기도 한다. 할례(割禮)나 애를 출산하는 장면과 같은 쇼킹한 영화(스트레스 필름)을 보였을 때는 자연풍경 등 감정을 건드리지 않는 영화(뉴트럴 필름)를 보였을 때보다도 잠드는 시간이 길고 역설수면 중의 안구운동도 많아질 뿐만 아니라 잠자다 깨어나는 횟수도 많아지고 꿈을 꾸긴 꾸었는데 무슨 꿈을 꾸었는지 통 생각나지 않는다는 등의 이야기를 하게 된다.

그리고 그 사람이 자고 있는 방의 환경에 따라서 꿈의 내용이 달라지는 것도 사실이다. 연구실에 와서 숙박하면서 조사를 받는 경우의 꿈은 본인 집에서 조사받는 경우에 비해서 건물, 식사, 책, 음식물, 물에 대한 꿈이 많이 나타나고 섹스에 대한 꿈이라든지 공포를 동반하는 꿈은 적었다고 한다(오누마, 1967년).

이와 같이 연구실과 가정에서 꾸는 꿈이 서로 내용이 다른 이유는 정신적인 제지(制止)가 있기 때문이라고도 하지만 같은 연구실에서도 잠자기 전에 준 자극에 따라서 꿈이 달라지는 것을 보면 반드시 그런 것만은 아닌 것 같다. 그 외에 연구실에서 실험을 받는 사람과 실험을 하는 사람의 성별에 따라서도 꿈의 내용이 달라진다고 한다. 실험을 실시하는 사람이 여자인 경우에는 남녀 피검자가 모두 불안감이 동반되는 꿈을 보게 된다는 보고도 있다.

이런 사실에서 꿈에는 두 가지 종류가 있는 것은 확실하지만 그 배경이 되는 잠이 다르다는 점을 고려한다면 이 두 가지 수

<표 9> 어린이의 몽상률(프르케스, 1969년)

나이	역설수면		서파수면		수면에 들어갈 때	
	각성회수	상기율(%)	각성회수	상기율(%)	각성회수	상기율(%)
2~3	20	30	15	0		
3~4	118	25.4	52	5.8	26	19.2
9~10	143	60.7	61	26.2	30	60.0

면상의 메커니즘을 해명해야 할 일이 시급하고 또 잠과 꿈은 결코 분리해서는 안 되는 하나의 명제(命題)라는 것도 잊지 말아야 할 것이다.

꿈이 역설수면 때 나타난다는 사실이 발견된 지 20년이 되는 지금이지만 잠과 꿈의 관계를 일단 정리한 뒤 새롭고 다른 각도에서 꿈을 꿀 때의 뇌의 기능 상태를 관찰하려는 용기가 필요하리라고 나는 생각한다.

사람은 몇 살부터 꿈을 꾸는가

이 질문은 좀 어리석은 것인데 그 이유는 나중에도 설명되겠지만 꿈은 꿈 더하기 언어라고 할 수 있으므로 말을 하기 시작하면서 비로소 꿈을 꾼다고 볼 수 있기 때문이다. 두 살이지만 말할 줄 아는 6명의 어린이를 대상으로 조사해 보면 20회의 역설수면 때 깨워서 물어 보니 그 중 30%의 어린이가 꿈을 꾸었다고 하였고 15회의 서파수면 때는 단 한 번만 꿈을 꾸었다고 한다. 다시 3~4세 사이의 어린이 14명과 9~10세 사이의 어린이 16명 등 합계 30명을 대상으로 자세히 조사한 결과를

〈표 9〉에서 볼 수 있다. 이 표에서 보면 역설수면뿐 아니라 입면 시에도 꿈을 잘 꾸고 있었다. 그리고 연령이 많을수록(성장할 수록) 꿈의 상기율(想起率)이 커지는 것을 알 수 있는데 이점에 대해서는 더 연구해 볼 여지가 있다.

꿈은 오장이 피로하기 때문인가?

흔히들 "꿈은 오장이 피로하기 때문에 꾼다"든가 "오장이 괴로우면 꾼다"든가 하는 말을 한다. 어떻든 뒤숭숭한 꿈을 자주 꾸는 것은 몸이 건강치 못한 때문이라고 하지만 사실은 그렇지 않다.

옛날부터 중국의학에서는 심(心), 폐(肺), 간(肝), 비(脾), 신장(腎臟)을 오장이라 하여 각 장기마다 정신작용이 분숙(分宿)하고 있는 것으로 생각하였던 모양이다. 그래서 심장엔 신(神)이, 폐장엔 백(魄)이, 간장엔 혼(魂)이, 비장엔 의(意)가, 그리고 신장엔 지(志)가 각각 깃들고 있어서 만약 오장 중 하나에 병이 생기면 그 장기에 상당하는 꿈을 꾸게 된다고 생각한 것이다. 꿈의 내용에 따라 어떤 장기에 고장이 있는지를 판정하는 진단법인 것이다.

중국에서 제일 오래된 의학서(醫學書)라고 할 수 있는 『황제내경(皇帝內經)』에 보면 혹 신장의 기능이 약해지면 배가 가라앉아 뱃사람이 물에 빠지는 꿈을 꾸고, 비장이 약하면 음식이 모자라는 꿈을 꾸게 된다고 기재되어 있다. 꿈 꾼 이야기를 듣고 병을 예언하고 진단하였던 것이다.

재미있는 것은 서양에서도 이와 비슷한 생각을 하고 있었다는 것이다. 아리스토텔레스는 그 때 당시 이미 꿈은 수면 중에 생기는 작은 자극을 확대하는 것이라고 생각하였다. 즉 몸의 어느 곳에 조금이라도 열이 생기면 불속을 헤집고 지나가는 꿈을 꾼다고 하였다. 이와 같은 꿈의 확대설을 토대로 해서 환한 낮에는 전혀 나타나지 않던 체내의 변화가 밤에 꿈에 나타나기 때문에 그 꿈의 내용으로부터 의사는 병의 진행과정을 알 수 있는 것이라고 하였다.

이와 같은 서구식의 사고방식을 정신분석학자인 프로이트는 매우 겸허하게 받아들였다. 실제 의사이며 꿈을 연구하는 사람이 그까짓 꿈의 예언력과 같은 맹랑한 이야기를 믿으려고는 하지 않았지만 심장이나 폐장이 나빠지면 자주 꿈을 꾸게 된다고 하는 학자들의 주장도 있고 해서 다음과 같은 예를 그의 저서인 『꿈의 판단』에 소개하고 있다.

심장병을 앓고 있는 사람은 꿈이 아주 짧고 무서워서 눈을 뜬다. 폐결핵 환자는 질식되거나 압박되거나 도망가는 꿈을 꾼다. 소화기계통이 나쁜 사람은 물건을 먹기도 하고 토해 내는 꿈을 꾼다. 성욕의 흥분이 강하게 일어날 때는 성적인 꿈을 꾸게 된다는 것이다. 이것은 꿈을 연구하는 학자 본인들이 병을 앓았을 때 꾸었던 꿈의 내용을 경험삼아 연구하게 된 때문이라고 한다.

여하튼 "꿈은 오장이 피로한 때문"이란 말은 동서양을 막론하고 흔히들 하고 있지만 그것은 "꿈의 내용은 오장의 고장을 대변하고 있다"는 뜻이지 결코 "꿈은 오장이 피로하거나 고장이 났기 때문에 꾼다"는 의미는 아니다.

역설수면은 이미 말한 바대로 사람이 나타나기 시작하여 생명력이 시들 때까지 매일 밤 계속되는 것일진대 이것은 어쩌면 생명의 본능적인 리듬(律動)일 수도 있으며, 그렇다고 한다면 가장 강한 본능이라고 할 수 있는 식욕, 즉 소화, 흡수와도 관계가 있는지 모른다. 이러한 관점에서 한 가지 실험적인 시도를 하기에 이르렀다. 고양이가 잠자고 있는 동안 위장의 운동과 역설수면과의 시간적 관계를 관찰하기 위하여 위장벽의 평활근(平滑筋)에 전극을 꽂아 근전도를 관찰하면서 뇌파와 안구 운동도 동시에 기록되도록 하였다. 그리하여 위장의 평활근이 계속 움직이는데 따라 동시에 방전(放電)되어 근전도가 기록될 때 수면형이 어떻게 변화하는지를 약 16시간에 걸쳐 조사하였다(그림 27).

처음에 고양이에게 먹이를 준 후 물은 자유로이 먹을 수 있게 하였지만 먹이는 계속 주지 않고 그대로 공복으로 해 둔 채 고양이의 상태를 보고 있었다. 실험 초에는 방전 간격은 대체로 같았고 약간의 변화가 있을 정도였으나 차차 공복의 정도가 심해질수록 방전 간격이 불규칙해지는 것이었다. 실험이 끝에 가서 다소 안정된 시기가 관찰된 것은 물을 먹었기 때문이었다.

이와 같은 결과로 보아 위장의 운동은 위 속에 음식물이 들어가 있는가 없는가에 따라 변하지만 역설수면과는 전혀 관계가 없다는 것을 보여 주고 있다. 실험의 후반이 되어 공복감이 매우 심할 때 고양이는 오랫동안 눈을 뜨고 있는 것이 확실한데 이것은 흔히 경험하듯이 배가 고프면 잠도 안 온다는 말을 실증해 주는 현상이었다고 생각된다.

꿈은 보는 꿈뿐인가

꿈속에서 음악을 들었다든가 개가 짖고 있었다는가 하는 것

108

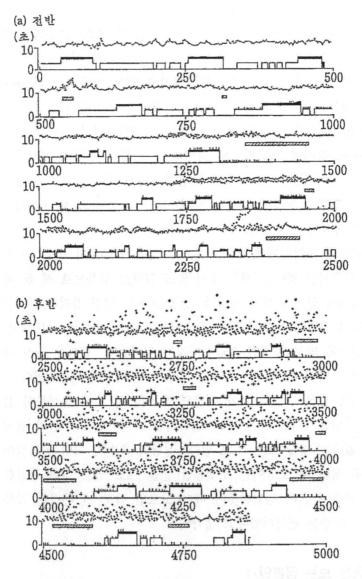

(a) 전반
(초)

(b) 후반
(초)

〈그림 27〉 위장의 평활근의 방전간격과 각성—수면과의 관계(고바야시와 마츠모도, 1975년), 최하단: 각성, 중단: 서파수면, 상단흑선: 역설수면

을 보면 꿈은 단순히 보는 꿈만은 아니고 듣는 꿈도 있는 것 같다. 최근에 와서 꿈에 관한 감각의 연구도 진전되어 왔다. 눈 먼 장님은 꿈을 볼 수 없다. 다시 말하면 시각적(視覺的)인 꿈은 꾸지 않는다. 그러나 청각적(聽覺的)인 꿈은 꾸는 것이다. 꿈을 감각별로 분류해 보면 〈표 10〉과 같이 여러 가지가 있음을 알 수 있다. 이 〈표 10〉에서 보면 시각적인 꿈이 95%, 청각적인 꿈이 61%로 나타난다. 운동감각이나 미각적(味覺的) 및 후각적(嗅覺的)인 꿈은 연구자의 정의 혹은 질문하는 방법에 따라 다르기 때문에 수치가 일정치 않으나 청각적인 꿈도 시각적인 꿈에 거의 가깝고 기타 감각에 비하면 훨신 많은 것을 알 수 있다(스나이더, 1970년).

　이것은 꿈은 보는 꿈 이외에도 듣는 꿈, 맛을 보는 꿈도 있다는 이야기가 된다. 따라서 우리말로 "꿈을 본다"는 말은 비과학적인 표현이 되는 셈이며, "꿈을 꾼다"고 해야 더 정확히 표현된 말이라고 할 수 있다.

	피검자수	품의 총수	시각	청각	운동심리	촉각	미각	후각
칼킨스 (1893년)	2	298	85	53	–	7	0	
위드와 하웅 (1896년)	6	381	84	69	–	11	6	
하커 (1911년)	4	100	100	72	11	12	3	–
코리 (1912년)	1	100	100	64	12	26	1	<1
벨트레이 (1915년)	4	54	100	92	35	9	–	–
그나프 (1956년)	13	437	100	4	8	–	<1	–
스나이더 (1970년)	56	635	100	76		1	1	<1

〈표 10〉 품의 감각별 분류율(백분율, %)

꿈을 꾸는 것은 몇 시경인가

"이 문제는 쉽죠. 꿈을 꾸는 것은 새벽녘입니다."라고 얼른 대답하는 사람은 좀 성급한 사람이 아니면 문제를 소홀히 다룬 사람이다. 지금가지 이 책을 읽어 온 사람이라면 "새벽녘이 많겠지만 역설수면 시에 꿈을 꾼다고 한다면 하룻밤에도 몇 번 정도 꾸겠지요."라고 대답할 수 있으리라. 또 그렇게 대답했다면 다행한 일이다.

어떤 사물이 "과학적"이라고 하는 것은 본인을 중심으로 해서 봤을 때가 아니라 냉정한 입장에서, 객관적으로 본인을 남으로 보고 관망했을 때에 비로소 가능한 표현이 되는 것이다. 그런데 이러한 과학적인 관망을 우리는 현재 하고 있다. 잠자고 있는 남을 조용히 보고 있다가 "지금쯤 꿈을 꾸고 있겠지" 생각하고 깨우면 틀림없이 꿈 이야기를 들려주기 때문이다. 아마 20년 전에 이런 신기한 꿈같은 일을 보았다면 누구든지 놀랐을 것이다.

지금은 아주 간단히 할 수 있다. 앞 절에서도 여러 번 말한 바대로 잠자고 있는 사람을 보고 있다가 안구가 빨리 움직이기 시작할 때 깨우기만 하면 되는 것이다(p. 80 참조). 아무나 할 수 있다. 역설수면 때가 곧 꿈을 꾸고 있을 때이기 때문이다. 그러나 역설수면이라고 하더라도 긴 것은 30분 이상 계속될 때가 있으므로 이 시간 중에서 언제 깨워야 좋은지가 그 다음 문제이다.

지금까지의 연구결과에 의하면 역설수면이 끝나고 8분 이내에 깨웠을 때는 17회 중 5회가 "꿈을 꾸었다"고 대답하였고, 8분 이상 있은 다음에 깨웠을 때는 32회 중 겨우 6회밖에 꾸지 못했다고 한다. 이와 같이 역설수면도 깨우는 시기에 따라 꿈을 꾸었다는 대답이 다른 것을 볼 때 참 꿈이라고 하는 것은 알다가도 모를 일이다.

그 후 다시 상세한 연구가 진행되었다. 그 결과에 의하면 역설수면의 한 중간에 깨웠을 경우가 꿈꾸었다는 횟수가 가장 많았고, 역설수면이 끝난 후에는 시간이 많이 경과되면 될수록 꿈을 생각해 내는 비율이 낮았다. 역설수면 중에 깨우면 54회 중 46회(85%) 꿈을 꾸었다고 하지만, 역설수면이 끝난 5분 후에 깨우면 11회 중 9회(82%) 꾸었다고 하며 그것도 내용이 단편적이었으며, 10분 후에 깨우면 26회 중 1회만 겨우 단편적으로 상기할 수 있을 정도였다. 이상의 연구결과를 정리해 본다면 꿈을 꾼 다음 그 내용을 말할 수 있는 것은 꿈꾼 후 늦어도 8분 이내, 더 정확히는 5분 이내에 눈을 떴을 때이며, 이보다 늦게 눈을 떴을 때는 이미 꿈의 내용을 많이 잊고 있다는 이야기이다. 이것은 꿈을 꾸지 않은 것은 결코 아닌 것이다. 실제로 우리는 밤중에 잠에서 깨어났을 때 재미있는 꿈을 꾸고 '이것은 꼭 기억해 두었다가 내일 아침 말해야지' 생각하고 자고난 다음 아침이 되면 꿈을 전혀 기억 못하는 것을 경험하고 있다. 잠을 자는 동안의 뇌의 명기력(銘記力)과 기억력(記憶力)은 약한 것이기 때문에 그런 때는 어리벙벙한 뇌에 의뢰할 것이 아니라 꿈의 내용을 종이에 적어두는 것이 좋다.

〈표 11〉은 잠을 자고 있는 동안 깨워서 꿈을 어느 만큼 상기하는지 실험해 본 여러 학자들의 결과를 정리한 것이다. 이 표는 역설수면 시에 깨워서 상기하는 성적이 좋은 순위에 따라 나열한 것인데 특이한 것은 꿈에 관한 생리학적 연구가 시작되던 초창기에는 역설수면에만 주목한 관계로 서파수면 때의 상기율이 낮은 점과, 깨우는 시기가 연구자에 따라 다르기 때문에 상

2. 꿈의 세계 113

〈표 11〉 수면 상에 있어서의 꿈의 상기율의 비교

연구자	피검자수	각성횟수	상기율(%)	
			역설수면	서파수면
데멘트	10	70	88	0
레히트샤펜 등	17	282	86	23
오린스키	25	908	86	42
워르파트	8	88	85	24
워르파트와 트로스만	10	91	85	0
오구마	19	290	84	22
프르케스	8	244	82	54
후지자와	10	?	80	50
데멘트와 크레이트만	9	351	79	7
크레멘	9	57	75	12
아제린스키와 크레이트먼	10	50	74	7
스나이더와 호브슨	10	320	72	13
구디나프 등	16	190	69	34
스나이더	16	237	62	13
주베 등	4	50	60	3

기율의 폭이 상당히 크다는 점이다.

이 절의 처음 부분에서도 말했지만 꿈을 꾸는 것은 새벽에만 국한된 것은 아니고 저녁에 잠자리에 들어가자마자 꿈을 꾼 경험을 누구나 가지고 있는 것을 보더라도 서파수면 때도 분명히 꿈을 꾼다는 결론이 되는 것이다.

많은 학자들이 이와 같은 결론에 의거하여 서파수면 때 깨워서 꿈을 상기시키는 실험을 시행한 결과가 〈표 12〉에 요약되어 있다. 이 두 표를 보면 역설수면의 경우 상기율이 88%에서 60%의 폭이 있는데 비해서 서파수면의 경우는 74%에서 0%로 매우 폭이 큰 것을 알 수 있다. 이것은 하룻밤 수면시간의 5분의 1이 역설수면인데 대해서 서파수면은 그 4배에 달하며 또 제

〈표 12〉 서파수면 시에 일으킨 꿈의 상기율

연구자	피검자수	각성횟수	상기율(%)
프르케스	8	136	74
프르케스와 레히트샤펜	24	84	62
카스다드와 홀츠만	6	80	56
카미야	25	400	46
구디나프 등	10	?	45
스토이퍼	7	68	38
구디나프	16	99	35
케일 등	3	?	34
레히트샤펜	17	?	23

1도에서 제4도까지의 넓은 범위를 갖고 있기 때문에 사람을 깨우는 시각을 일정하게 하기가 힘든데 그 원인이 있다고 본다. 장차 좀 더 연구가 되어 서파수면의 어느 단계에 깨우면 꿈꾸는 것을 확인할 수 있는지를 알게 되면 상기율은 더 커질 것이 분명하다. 그러나 서파수면 시 깨워서 꿈의 유무를 조사할 때 주의해야 할 점은 그전에 있었던 역설수면이 끝나고 어느 정도의 시간이 경과된 후에라야 하는데 이것은 상기된 꿈이 서파수면 때의 것인지 역설수면 때의 것인지 분간하기가 힘들기 때문이다. 현재에는 서파수면시의 꿈은 보통 역설수면이 끝나고 15분 이상 경과된 후에 깨워서 꿈을 물어 보는 것이 표준으로 되어 있다.

지금까지의 이야기를 한 번 더 정리해 본다면 꿈을 꾸었다고 하는 것은 실제로 꿈을 꾼 후 즉시 깨었을 때의 일이며, 하룻밤 중에서도 잠이 들기 시작하여 아직 깊은 잠까지 들지 않은 상태인 서파수면 때와 아침에 가까운 잠에서 깨어날 듯한 상태의 역설수면 때에 깨워주는 것이 가장 효과적이라고 결론지을 수 있다.

이것을 좀 더 진전시켜 1년 중에서 어느 계절이 가장 꿈을 많

이 보는 때인가 하는 것에 관한 보고는 아직 과학적으로 믿을
만한 것이 못 된다. 소련에서 22명의 학생을 대상으로 1년 동안
217회 깨워 조사한 예가 있지만 어느 수면상(睡眠相) 때 깨웠는
지 확실한 검토가 되어 있지 않다. 그러나 그 결과를 보면 꿈을
잘 꾸는 계절은 겨울의 시험기간이 되는 1월 중순과 여름의 시
험기간인 6월 중순이며, 또 가장 꿈이 적을 때는 여름방학 때인
7월에서 8월 사이라고 한다.

꿈을 잘 꾸는 사람은 머리를 항상 쓰는 사람이고, 또 같은 사
람이라도 뇌를 많이 쓸 때 꿈을 꾸는 횟수가 많아진다는 보고
(가사트킨, 1967년)가 있지만 전적으로 믿을 수는 없다. 나 같은
사람은 1년동안 꿈을 꾼 일이 별로 없는데 이 설에 따르면 머리
를 쓰는 양이 아직도 부족한지도 모른다.

꿈을 잘 꾸는 사람과 꾸지 않는 사람

샤피로(1967년)는 꿈을 자주 꾼다는 사람과 꾸지 않는 사람을
연구실로 오게 해서 실제로 역설수면과 서파수면인 때에 깨워서
꿈의 상기율을 조사해 보았다. 그 결과는 〈표 13〉에서 보는 바
와 같은데, 확실히 꿈을 잘 꾸는 사람은 꿈을 꾼 후 빨리 눈이
떠지는 것 이외에 실제로 꿈을 많이 꾸고 있다는 이야기가 되며
뭔가 사람의 능력과 성격에 차이가 있기 때문이 아닌가도 생각
된다.

가사트킨(1967년)의 보고에 의하면 소련에서는 꿈을 잘 꾸는
사람은 두뇌를 많이 쓰는 교사, 의사, 학생들이며 꾸지 않는 사
람은 유체노동에 종사하는 콜호즈원, 노동자, 위생근무자들이라
고 한다. 또한 미국에 있어서의 성적을 보면 꿈을 꾸지 않는 사

<표 13> 꿈을 자주 꾸는 사람과 꾸지 않는 사람의 비교
(*표시는 통계적으로 의의가 있다)

꿈을 잘 꾸는 사람과 꾸지 않는 사람의 비교

각성방법	꿈을 꾸는 사람			꿈을 꾸지 않는 사람		
	각성 횟수	꿈의 횟수	꿈의 상기율 (%)	각성 횟수	꿈의 횟수	꿈의 상기율 (%)
역설수면에서	49	44	93	42	19	46
서파수면에서	56	27	53	43	7	17

꿈을 잘 꾸는 사람과 꾸지 않는 사람의 수면시간 비교

	평균 수면시간	잠자리에 들어가는 시간	잠들기까지의 시간
꿈을 꾸는 사람	6시간 08분	0시 53분	1시간 08분
꿈을 꾸지 않는 사람	5시간 10분	1시 26분	2시간 02분
차이	58분*	33분	54분*

람은 꾸는 사람과 비교할 때 억제경향이 더 강하고 낙천적이며 자아(自我)도 약한데, 전자는 엔지니어에 많고 후자는 예술가에 많다고 한다. 영국에서는 자연과학계와 예술계 학생 각각 5명씩을 뽑아서 역설수면 시에 깨웠을 때 꿈의 상기율을 비교하여 보았다. 그 결과 전자에서는 40회 중 26회(65%) 후자에서는 42회 중 40회(95%)로서 단연 예술계 학생들이 꿈을 많이 꾸는 것 같았다. 그러나 전자에서 꿈을 보고하지 않은 14회 중에서 8회는 분명히 꿈을 꾸긴 꾸었는데 생각이 나지 않은 경우였다. 자연과학계 학생도 꿈을 많이 꾸고 있으므로 실제의 횟수만 가지고는 예술계 학생과 차이가 있다고 볼 수는 없으며, 요는 꿈을 생각

해 내는 능력에 어떤 차이가 있는 것 같기도 하다. 이러한 의미에서 인간의 질적인 차이가 성격에도 반영된다고 볼 수 있는 것이다. 자연과학계의 학생은 정서적이거나 비합리적인 사물에 대한 뇌활동은

〈표 13〉 꿈을 자주 꾸는 사람과 꾸지 않는 사람의 비교한 뇌활동은 전반적으로 둔하기 때문에 비합리적인 내용이 많은 꿈을 꾸지 못한다고 하는 것이 당연한 것인지도 모른다. 그러나 이와 같은 해석은 다분히 관념적(觀念的)인 것이다(오스틴, 1971년).

좀 더 실증적인 연구결과의 예를 들면 다음과 같은 것이 있다. 남자 대학생 16명에 대하여 꿈을 꾼 횟수를 물어보니 8명은 거의 매일 밤 꾼다고 하였고 나머지 8명은 한 달에 한 번 정도 꿀까 말까 할 정도라고 대답하였다. 전자는 꿈을 잘 꾸는 사람이고 후자는 꿈을 꾸지 않는 사람이라고 할 수 있다. 이들 16명을 연구실에 불러 사흘 간 숙박시키면서 조사하여도 결과는 마찬가지였다고 한다(구디나프, 1959년).

다음에는 평균 수면시간과 기타 항목을 조사한 연구도 있다. 〈표 13〉이 그 연구결과인데 〈꿈을 잘 꾸는 사람〉은 잠들기가 쉽고 수면시간도 길었다. 〈꿈을 꾸지 않는 사람〉 중에는 한 번도 꿈을 꾼 일이 없다고 한 사람이 2, 3명 있었는데 이들도 실험기간 중에 적어도 한 번은 꿈을 꾸었다. 즉 〈꿈을 꾸지 않는 사람〉도 사실은 꿈꾸는 횟수가 적기는 하지만 꿈을 꾸고 있으며 생각이 잘 나지 않거나 곧 잊어버리는 것이라고 생각된다. 그리고 꿈을 잘 꾸는 사람은 수면시간은 변화하지 않지만 역설수면 시간이 길다고 하는 사람(안트로비우스, 1964년)도 있다.

이상의 여러 가지 성적에서 미루어 본다면 나는 〈꿈을 꾸지

않는 사람〉의 부류에 속하지만 때로는 꿈을 꾸기도 하는데, 그
사이에 능력이나 성격의 변화가 일어나지는 않고 결국은 그때그
때의 수면의 패턴(型)이 변하는 것이라고 봐야 옳을 것 같다.
내가 잘 아는 신문기자가 병원에 입원했을 때 병문안을 갔던 일
이 있는데 여러 해 동안의 수면 부족을 보충하려는 것인지 자꾸
잠이 오고 또 별나게 꿈도 자주 꾸게 되어 자기도 놀랄 정도라
고 하는 이야기를 들었다.

　역시 꿈을 잘 꾸고 안 꾸고는 그 기초가 되는 잠을 충분히 자
고난 연후에 잠에서 쉽게 깨어날 수 있는 생리적 조건이 되어
있느냐 안 되어 있느냐에 따라 크게 좌우된다고 생각한다.

〈잠꼬대〉와 〈꿈〉은 일치하는가

　잠을 자고 있던 사람이 갑자기 큰 소리로 뚜렷한 말을 해서
놀랄 때가 있다. 그래서 깨워서 물어 보면 대부분의 사람이 꿈
을 꾸고 있었다고 하고, 또 그 꿈의 내용과 잠꼬대가 일치하는
경우가 많다.

　그러므로 이 잠꼬대를 할 때의 수면형은 어떤 것인가 하는 문
제가 잠과 꿈의 연구에서 하나의 과제로 되어 있다. 그러나 이 방
면에 관한 연구는 적다. 왜냐하면 잠꼬대는 잠을잔다고 누구에게
나 꼭 나타나는 것이 아닐 뿐만 아니라 이 현상을 기록하기 위해
서는 밤샘을 하면서 기다려야 하는 노력이 필요하기 때문이다.

　최초로 잠꼬대에 관하여 연구한 가미야(1971년)의 말에 의하
면 잠꼬대를 할 때는 몸을 크게 움직이고 역설수면 때보다 서파
수면 때에 더 많이 나타나며 잠꼬대와 꿈의 내용은 일치하지 않
는다고 하였다.

28명을 대상으로 84회의 잠꼬대를 자세히 조사하여 발표한 레이트샤펜(1962년)의 연구결과에 의하면 잠꼬대는 역설수면, 서파수면의 어느 수면 상에도 일어나지만 거기에는 약간의 차이가 있음을 분명히 하였다. 역설수면 때의 잠꼬대는 그 목소리 어조(語調)가 보통이 아니어서 이때 깨워서 물어보면 꿈을 꾸고 있는 경우가 많았고 잠꼬대의 내용과 꿈의 내용도 일치하고 있었다. 그리고 그 때의 꿈의 내용에는 감정적인 것이 많고 또 잠꼬대를 하는 억양도 매우 감정적이었다. 이때 몸은 뒤채거나 움직이지 않았고 눈이나 안면의 근육이 약간 움직일 정도였다.

그러나 서파수면(특히 입면 시에 많은) 때의 잠꼬대는 기록하고 있는 뇌파가 변동될 정도로 근육이 몹시 움직이고 목소리의 어조도 침착하여 마치 그 사람이 보통 깨어 있을 때 말을 하듯이 하였다. 또한 잠꼬대의 내용도 그 사람이 처해 있는 사회적, 가정적인 환경과 관계가 있는 것이 많았다. 이 때 깨워서 물어보면 꿈을 꾸고 있었다기보다 생각하고 있었다고 하는 경우가 많았다. 분명히 꿈꾸고 있었다고 하였을 때는 잠꼬대와 꿈이 일치하지 않았다.

이상의 성적들은 현재까지 알려진 잠꼬대에 관한 연구보고들이지만 하나 더 재미있는 최근의 데이터를 소개하면 다음과 같다(시미즈 등, 1971년). 사람이 말을 할 때 동원되는 발음근(發音筋)의 전기활동이 기록되도록 장치한 다음 서파수면의 제2도와 역설수면 때 깨워서 물어보는 실험이었다. 그런데 꿈속에서 말을 했다고 하였을 때는 잠꼬대를 하지 않았는데도 불구하고 대부분의 경우에 발음근의 전기활동이 나타남을 볼 수 있었다. 자세히 말하면 역설수면 때 깨웠을 경우에는 80.5%, 제2도 수면 때는

100%가 나타났다고 한다.

　원래 잠꼬대는 사람에게서만 볼 수 있는 수면언어(睡眠言語)로서 이 때 뇌에서는 말에 관계되는 중추가 활동하고 있으며, 또한 잠꼬대의 내용이 합리적이라면 의식의 중추(주로 대뇌피질)도 역시 동원되었음을 암시하는 것이다.

　잠꼬대를 할 때의 언어 속에 결코 알지도 못하는 미지의 외국어와 같은 말이 없는 것을 보더라도 조건반사의 기구가 내포되어 있는 것이 분명하다. 또한 비록 말소리로는 나오지 않았지만 꿈속에서 이야기하였을 때 발음근이 작동되는 사실을 보면 꿈을 꾸는 동안에도 깨어있을 때와 마찬가지로 뇌 활동은 여전히 모든 말초기관과 조직에 작동시키는 흥분을 보내고 있음에 틀림없다. 다만 이때의 흥분이 약하여 표면에 나타나지 않는 것뿐이다. 따라서 꿈을 꾸고 있을 때의 사람의 뇌의 활동은 깨어 있을 때의 뇌의 활동과 종이 한 장 차이밖에 안 되는 것이다.

　잠꼬대는 어디까지나 언어에 의해서 나타나는 것이기 때문에 사람에 국한된 것이며 개나 고양이와 같은 동물에서는 결코 있을 수 없는 것이다. 그러나 물론 동물의 경우도 잠자는 동안 단순한 신호로서의 발성이긴 하지만 동물 특유의 소리를 내는 것은 사실이다.

　우리 연구실에서 개의 수면을 조사해 보았는데 작은 소리를 기록할 수 있었다. 그것은 바로 역설수면인 때였다. 그리고 우리 집에서는 지금 고양이 여섯 마리를 기르고 있는데 이들이 작은 소리를 내면서 자고 있을 때가 있다. 그때마다 자세히 보면 눈알이 움직이기도 하여 육안으로 보아도 역설수면인 것을 알 수 있다. 아무래도 동물의 잠꼬대는 역설수면인 때에만 나타나는 것 같다. 이러한 점에서 동물과 사람의 수면에 차이가 있는 것인지 모르지만 고양이가 특히 암내를 피울 때 잠꼬대가 많은 것을 보면 혹시 성호르몬의 분비기구와 언어, 발성 사이에 어떤 관계가 있는지도 의심스럽다.

꿈이란 무엇인가

〈꿈〉은 시각적인 것만이 아니라 청각성인 것, 후각성인 것도 있는 것이 확실하다는 것은 앞에서도 말했다. 그러므로 "꿈이란 잠에서 깨어난 후 보고되는 수면 중의 감각적인 경험"이라고 정의를 내릴 수 있다. 여기에서 중요한 것은 "보고된다"고 하는 사실, 즉 말이나 문자로서 보고되지 않는 한 꿈이 될 수 없다는 것이다. 가령 예를 들어서 실제로 꿈을 꾼 사람이 그 내용이 다른 사람에게 말하기에는 창피한 것이라고 이야기를 하지 않는 경우가 있다. 이 때 꿈을 꾸지 않았다고 우기는 사람을 그럴 리가 있느냐며 틀림없이 꿈을 꾸었다는 것을 객관적인 과학적 사실로서 증명할 만한 방법은 아직 없다. 바꿔 말하면 역설수면과 꿈과의 관계는 아직 1대 1로 되어 있지 않다.

이상을 정리하면 〈꿈=꿈꾸는 것+언어〉의 등식이 성립되어 현재의 생리학은 〈꿈을 꾸는(dreaming)〉 현상을 집적하여 그 기전을 밝히려 하는 것이라고 할 수 있다. 그러므로 꿈꾸는 것은 사람과 동물에 공통되는 것이지만 꿈은 언어기능을 갖고 있는 사람에 한한 것임이 분명하다.

그런데 오히려 사람이기 때문에 벽에 부딪치고 마는 재미있는 이야기가 있다. 미국에서는 꿈 연구의 대상이 되는 피검자에게 한 번에 최저 5달러를 지불한다. 꿈 연구에서는 다른 연구에서처

럼 주사를 맞거나 피를 뽑거나 영문도 모르는 약을 먹거나 하는
일은 없고 그야말로 아주 편한 일이어서 피검자로서는 그저 잠만
자고 있으면 되는 것이다. 보통 한 사람에게는 2~3회의 수면실
험을 하는 것이 원칙인데, 첫날은 실험 환경에 적응시키기 위하
여 그냥 잠만 자게하고 아침에 일어나면 돈을 주어 돌려보낸다.
개중에는 잠만 자고 돈 받아 가는 것을 쑥스럽게 생각하는 사람
도 있다. 그런 사람이 두 번째 밤이나 세 번째 밤을 자고 일어났
을 때 연구자가 심각한 표정으로 "지금 꿈꾸었습니까?"하고 물으
면 뭔가 미안한 게 생각되어 얼떨결에 "예, 꾸었습니다."하고 대
답해 버린다. 그러면 연구자는 다그쳐서 "어떤 꿈이었습니까?"하
고 정색하고 대들면 하는 수 없이 꾸지도 않은 꿈 이야기를 꾸
미고 말게 되는 것이다. 이렇게 되면 언어기능이라는 장점을 갖
고 있는 사람은 거짓말도 꾸미게 되는 반과학적인 행위를 할 수
있는 단점도 동시에 갖고 있다는 이야기가 된다. 차라리 언어를
가지고 있지 않은 동물이 더 정직할 수도 있다.

　다음 절에서도 이야기가 되겠지만 꿈 그 자체는 깨어 있을 때
의 기억의 재생이라고 할 수 있으며 실제로 꿈의 내용을 보고하
는 경우도 그 내용을 생각해 내면서 말하는 것이기 때문에 이것
도 역시 기억의 재생이다.

　꿈의 보고가 아주 간단명료한 예도 있다. 이것은 꿈 실험이라
기보다도 단면(斷眠) 실험(데멘트, 1972년)인 셈이다. 6시간 자
지 못하도록 하고 새벽 4시에 작업력 테스트를 한 성적보다는
24시간 단면시키고 그 다음날 정오에 테스트한 성적이 훨씬 좋
았다고 한다. 이것은 야간에는 뇌기능이 다소간 저하되어 있다는
것과, 또 잠에서 일단 해방된 뇌의 기능은 오히려 기억의 재생

력이 강화되어 있음을 의미하기는 하나 어딘가 작위적인 실험과 같은 느낌이 든다. 요는 꿈이라고 하는 것은 〈꿈꾸다+언어〉이기는 하나 증언만을 증거로 삼는 재판이 비과학적인 것처럼 언어(꿈의 보고)만으로 기댈 것은 아니다. 다시 말해서 인간과 동물에 공통으로 나타나는 꿈꾸는 기구를 동물실험을 통하여 분명히 밝힐 수만 있다면 언어에 의해서 보고되는 꿈의 내용이 더욱더 실증적인 가치를 갖게 될 것이다.

알코올은 수면제인가

예부터 알코올(술)은 〈좋은 수면제〉로 알려져 오고 있다. 그러나 사실상 수면에 관한 많은 연구보고에 의하면 알코올은 오히려 역설수면을 억제한다는 〈달갑지 않은 결과〉로 나타나고 있다. 그런데 역설수면을 억제한다고 하는 논문을 자세히 읽어 보면 연구재료로 매우 독한 술을 사용하여 실험동물에 투여하고 있어서 혹 알코올의 절대량이 많은 것이 아닌가 생각하게 되었다. 그래서 알코올 농도를 낮춰 실험해 보기로 하였다. 외국의 연구자들이 40%의 에틸 알코올을 사용하는 데 대해서 나는 10%를 사용하였다. 이것의 만성적인 영향을 관찰하기 위해서 한 번식 항문 속에 주입하였으며 실험동물은 흰쥐였다. 주사기 끝에 짧은 고무 카데테르를 끼우고 주입하면 3개월 내지 5개월 동안은 주입할 수 있다. 5개월간 계속한 후 수면에 어떤 영향을 미치는지를 조사하였다. 서파수면도 역설수면도 전혀 대조군의 흰쥐와 차이가 없었다(알코올은 생리 식염수에 희석하였으므로 같은 양의 식염수를 매일 한 번씩 주입한 흰쥐를 대조군으로 하였다). 그런데 잠든 후 최초의 역설수면이 나타날 때까지의 시간은 대조근이 57.1분인데 대해 알코올 주입군이 27.8분으로 확실히 알코올이 입면을 촉진시키는 효과가 있었다.

이 성적은 흰쥐를 사용하였을 때의 결과지만 이것을 사람, 특히 일본사람에게 맞추어 본다면 매일 저녁 1홉5작(컵으로 한 컵 반)정도의 청주를 반주로 마시는 사람에게 알코올은 좋은 수면제가 되는 셈이다. 최근 남자청년을 대상으로 연구한 맥클린 등(1975년)의 결과에 의하면 알코올의 입면촉진효과(入眠促進效果)는 자기 바로 전에 마시는 것이 가장 크다고 하였다.

이와 같이 효과가 있다면 알코올과 수면은 밀접한 관계가 있는 것으로 재인식되어야 할 것이다. 유럽의 연구자들이 사용한 알코올은 농도가 진하고 우리가 사용한 것은 연한 것이었다는 차이는 있었지만, 그러나 이것은 각각 자기네들이 상용하고 있던 알코올 농도에 상당하는 것이었다는 점은 고려해야 할 것 같다.

그 외 아주 재미있는 실험결과를 우리는 갖고 있다. 그것은 농도가 낮은 알코올을 투여하면 일시적으로 식욕이 증진된다는 것이다. 결국 "알코올은 애피타이저(食慾促進劑)가 된다"는 속설을 실증한 실험이 되고 말았지만 이것은 실험 도중에 우연히 주목하여 얻은 결과로서 만성적으로 알코올을 주입한 흰쥐는 주입이 끝나면 곧 먹이를 먹으로 가고 또 잠깐 잠을 잔 후에도 눈을 뜨자마자 곧 먹이를 먹으로 가곤 하였는데 식염수를 주입한 대조군의 흰쥐는 주입한 후에도 평균 66분이 지난 후에야 먹이를 먹으러 갔으며 이 차이는 통계적으로도 의의가 있는 차이였다. 그러나 그 후에도 계속 먹이를 잘 먹으로 가지는 않았고 체중도 증가하지 않았다.

웨이너 등(1975년)의 연구에 의하면 현재 식욕중추(食慾中樞)

로 알려진 뇌의 시상하부(視床下部)의 외측핵이 알코올에 의해서 흥분된다는 사실이 증명되었다. 이것은 우리의 실험결과와도 일치되면 그 효과가 오랫동안 지속되지 않은 이유는 그 정도의 알코올 용량이면 대체로 6시간 정도에 분해되고 말기 때문이다.

결론적으로 정리하면 소량의 알코올을 상용하는 것은 수면제가 되고 또 동시에 식욕증진제도 되는 것이다. 단 이 연구를 하는 동안 우리는 한 번도 흰쥐에게 대량의 알코올을 준 일이 없거니와 또 흰쥐도 술을 더 많이 달라고 요구한 일도 없었다는 것을 말해 둔다.

빛깔 있는 꿈을 꾸는 사람은 이상한가

꿈속에서 본 자연경치에 빛깔이 있었다거나 옷감에 색 무늬가 있었다든가 혹은 새빨간 불이 나는 것을 보았다든가 하는 사람이 있다. 그래서 선명한 빛깔이 있는 꿈을 꾼 사람은 특수한 재능을 가진 사람이라고도 하고, 또 어떤 때는 반대로 머리가 돈 사람이 아닌가 생각하는 사람도 있다. 그러나 어떻든 그리 흔한 일은 아니지만 뜻밖에 생기기는 하는 모양이다. 그런데 한 번도 빛깔이 있는 꿈을 꾸어 보지 못한 사람이 있는 것을 보면 여기에도 역시 천연색 꿈을 꾸는 사람과 못 꾸는 사람 사이에 뭔가 다른 게 있는 것이 아닌가 싶다.

최근의 조사에 의하면 빛깔이 있는 꿈을 꾸는 사람은 화가, 디자이너, 무대 감독 등 비교적 색체와 관계가 깊은 직업을 가진 사람들이라고 한다. 도쿠시마(德島) 대학의 학생 219명(이중 여학생이 105명)에 대하여 조사하여 보니 빛깔 있는 꿈을 꾼 학생과 꾸지 않은 학생의 비율이 거의 같았고, 남자는 대개 흑백

〈표 14〉 빛깔 있는 꿈을 꾸는 사람의 취미(N=219). 숫자는 해당 항목의 사람 수이며 중복되어 있다(마츠모토, 1975년)

	그림	사진	영화	연극	음악	양장수예	운동
빛깔있는 꿈을 꾼 사람 111명(남 48, 여 63)	43	15	61	13	72	29	69
빛깔있는 꿈을 꾸지 않은 사람 108명(남 66, 여 42)	16	20	61	12	64	32	62

의 꿈을 보는 학생들이 많지만, 여학생은 빛깔 있는 꿈을 꾸는 사람이 많았다. 재미있는 일이다. 흑백의 꿈을 꾸는 학생의 남녀 비율은 6대 4였고, 반대로 천연색 꿈을 꾸는 비율은 4대 6으로 여학생이 많았다. 이들 학생들의 취미를 조사해 본 결과 빛깔 있는 꿈을 꾸는 학생은 특히 그림을 좋아하는 것으로 나타났다.

꿈이 색체로 나타나는 것에 대하여 오스왈드(1962년)는 이렇게 생각하고 있다. 즉 우리가 꿈을 꾸고 있을 때 자고는 있지만 꿈이 진행되고 있는 동안은 일단 생각하고 있어서 그때 생각하는 대상물은 그 사람에게 독특한 것이며 결국 깨어 있을 때의 생활에서 별 의미가 없던 대상물은 꿈속에서도 별로 중요하지 않은 구성인자로 된다는 것이다. 따라서 깨어 있을 때 빛깔에 별 관심이 없던 사람은 꿈꾼 것을 생각해 낼 때에도 그 시각상에 색채감을 느끼지 못한다고 보는 것이다.

나는 가끔 이런 일을 시도해 보고 의외로 일치하는 사실이 많은 것을 경험하고 있다. 독자들도 한 번 시험해 보기 바란다. 먼저 눈을 감고 아무런 풍경화라도 좋으니 산과 물이 있는 산수화

(山水畵)를 상상한다. 만약에 색체가 없는 묵화(墨畵)를 상상했던 사람은 아마 꿈속에서도 마찬가지로 색체가 나오지 않을 것이다. 그러나 산은 녹색, 물은 청색, 강가에 피어 오른 매화는 홍색으로 상상했던 사람은 꿈속에서도 빛깔을 느끼는 풍경화를 볼 수 있지 않을까. 내가 조사한 바 있는 학생들에게 천연색의 꿈이 많았던 것은 이들이 살고 있는 도쿠시마시가 산자수명(山紫水明)한 경치가 좋은 곳이었기 때문인지도 모르고, 또한 밤낮 컬러텔레비전만을 시청하고 있는 것도 그 원인 중의 하나일는지도 모른다. 스나이더(1970년)도 "꿈을 꾸고 있을 때의 의식을 관찰한 결과를 총괄하면 결국 그것은 각성했을 때의 생활을 거의 그대로 복사한 것에 불과하다"고 말하고 있다. 스나이더는 꿈속에서도 가장 자주 나타나는 빛깔은 녹색이며 그 다음이 적색인데 황색이나 청색이 나타나는 빈도는 녹색의 절반에 지나지 않는다고 한다. 헤르만 등(1969년)에 의하면 빛깔 있는 꿈은 하룻밤 중에서 주로 나중 시간에 꾸게 된다고 한다. 또한 최근 소련에서 조사된 결과에 의하면 몽유병이 있거나 코를 골거나 이를 가는 사람은 천연색 꿈을 꾸지 않고, 기왕증(旣往症)으로서 뇌척수(腦脊髓) 질환이 있는 사람이 천연색 꿈을 본다고 한다(베인등, 1971년).

각성과 수면의 기전

수면(잠자는 것)에 관하여 연구하다가 가끔 〈각성(깨어 있는 것)이란 무엇인가〉하고 반문하고는 결국은 어느 쪽도 알쏭달쏭할 때가 있다. 어느 쪽이든 먼저 알면 다른 한 쪽은 그 반대이므로 자연히 해석이 될 수 있겠지만 최근에 잠도 두 가지 유형으로 다시 분류되고 있기 때문에 문제는 간단치가 않다.

먼저 연구된 것은 각성이었다. 현재 생리학상 통설로 되어 있는 것을 보면 뇌가 각성상태를 유지하는 것은 뇌간(腦幹, 대뇌피질과 소뇌를 제외한 부분)에 있는 망양체(網樣體, reticular formation)에 기인된다. 망양체는 연수(延髓)에서부터 대뇌피질에 가기 바로 앞에 있는 시상(視床)까지 걸쳐 있는 구조로서 그물을 겹쳐 막대기모양으로 만든 것처럼 생긴 것이다. 이것을 〈뇌간 망양계〉라고 부른다. 신체로 들어오는 모든 감각 자극은 일부는 곧바로 시상으로 들어가 정해진 대뇌피질의 감각령(領)에 도달하고 나머지 일부는 〈그림 28〉과 같이 중뇌(中腦) 이하에서 분산되어 뇌간망양계를 통해서 시상으로 간 다음 여기서부터는 특정한 부위가 아닌 대뇌피질 전반으로 퍼져 나간다. 이렇게 됨으로써 뇌 전체가 〈분명한 의식상태〉에서 활동할 수 있게 되는 것이다.

전자는 "감각의 특수제"라 하고 후자는 "비특수계"라고 부르고 또 그 기능상 "상행성 망양부활계(上行性 網樣賦活系, ascending reticular arousal system)"라고도 한다.

이 부활계를 도중에 절단하면 그보다 앞(머리)쪽의 뇌 부분에서는 수면뇌파만 나타나는 사실이 동물실험에서 증명되었고, 또 부활계를 전극으로 자극하면 뇌 전체에 걸쳐 각성뇌파가 나타나는 사실도 분명해졌다. 이와 같은 뇌 실험을 사람에게 할 수는 없으므로 대신 사람이 각성상태로 잠이 들려고 할 때 될 수 있는 한 부활계로 감각자극이 들어오지 못하도록 하는 여러 자연스러운 방어행위(防禦行爲)를 시도해 보고 있는 것이다. 예를 든다면 뇌로 들어오는 자극의 3분의 2는 시각이므로 잠들려고 할

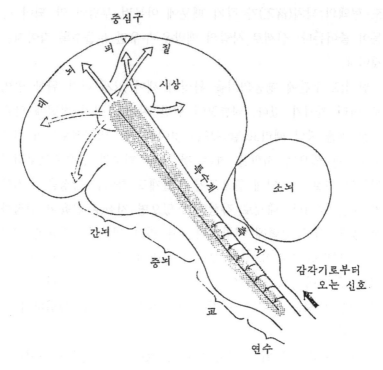

<그림 28> 감각자극이 대뇌피질로 전도되는 방향. 연수에서 시상부위까지
길게 뻗쳐 있는 흑점부분이 상행성 망양부활계이다

때 방안을 어둡게 만들어 준다든가, 눈을 감도록 한다든가 하는
자연스러운 방법이다. 청각자극은 귀를 막을 수 없으므로 소리가
들어오지 못하도록 주위의 음원을 차단시켜 조용하게 해 주는
방법을 쓰고 있다. 피부자극을 차단하기 위한 자연스러운 방법으
로서는 낮에 계속 입고 있던 내의를 벗기고 마찰이 안 되고 접
촉이 부드러운 잠옷을 입힌 다음 푹신한 침대 위에 눕게 한다.
이 방법은 근육을 작용시키지 않기 때문에 근육으로부터의 자극
(고유 감각)까지도 최소한도로 줄여준다. 또한 심장이 펌프운동

도 혈액의 낙차(落差)가 작기 때문에 아무런 부담이 안 되어 박동이 줄어든다. 실제로 사람의 맥박은 누우면 누울수록 작아지는 것이다.

반대로 주간에 행동의식을 확실히 깨어 있게 하기 위한 방법도 여러 가지가 있다. 씨름꾼이 한판 씨름을 하기 직전에 양손으로 뺨을 딱딱 때리고 달려드는 것이라든지, 야구선수들이 껌을 질겅질겅 씹으며 시합을 하는 것 등은 피부와 근육으로부터의 자극이 뇌로 전달되게 함으로써 부활계로 하여금 각성을 유지하게 하는 것이다. 대체로 각성하고 있으면 저절로 근육이 긴장하는 것은 지구 인력에 저항하여 〈서 있기 위하여〉 필요한 것이다. 그러므로 인력이 없는 무중력 상태에서의 자세는 사람이 서 있는 것도 아니고 앉아 있는 것도, 누워 있는 것도 아닌 무아경(無我境)이 되는 것이다. 이것은 우주비행사가 직접 체험하여 얻은 결과이다.

요는 우리가 누워서 잔다고 하는 것은 지구인력에 반항하는 힘을 최소한으로 하는 생리적인 반응인 것이다. 잠이 깊어지면 깊어질수록 대뇌피질의 지배력(支配力)이 약화되어 근육의 긴장이 풀려 필연적으로 지구 표면에 가까워지는 행동이 곧 수면자세이다. 그리하여 눈뜨고 깨어 있을 때는 긴장하기 위해서 교감신경계(交感神經系)가 더 왕성하게 작동되고 있지만 차차 약해져서 맥박이 느려지고 눈동자가 작아지고 호흡이 완만해지면서 드디어 잠을 자게 되는 것이다.

파블로프에 의한 수면의 기전

조건반사(條件反射)를 발견한 소련의 파블로프는 수면에 관해서도 중요한 연구업적을 남기고 있다. 그가 발견하게 된 경위는 대략 다음과 같다.

그는 본래 타액분비와는 아무런 관계가 없는 벨소리를 들려주고 먹이를 주면 침을 많이 흘리던 개가 나중에는 벨소리만 울려도 침을 흘리게 되는 현상을 실험적으로 증명했다. 이와 같은 반사는 〈벨소리〉와 〈먹이〉를 동시에 부여하는 특별한 조건 하에서만 일어나기 때문에 이것을 〈조건반사〉라고 한다. 이와 반대로 음식물을 먹으면 침이 나오고 뜨거운 물체가 닿으면 손을 움츠리는 것 등은 무조건으로 일어나는 것이므로 〈무조건반사〉라고 한다. 여기에서 조건반사가 되는 개에게 벨소리는 나지만 먹이를 주지 않는 것을 여러 번 반복하게 되면 처음에는 나오던 침도 차차 나오지 않게 되고, 어떤 경우에는 아예 자 버리고 마는 개도 있다. 파블로프는 아무런 관계가 없는 벨소리만 나도 타액이 나오게 되는 것은 뇌에 〈제지〉가 일어났기 때문이며, 그리고 개가 잠을 자 버리고 마는 것은 그 제지가 뇌 전체로 퍼져서 일어나는 현상이라고 설명하였다. 파블로프가 이렇게 설명하고 있었을 당시 미국에서는 이 제지현상을 〈억제〉라고 보는 연구자가 있었지만 원어의 의미는 영어로 브레이크(brake)이므로 억제(inhibition)라고 한 것은 오역(誤譯)인 것이다. 파블로프는 차츰 잠들어 가는 것을 〈균등, 역설, 초역설, 마비〉의 4상(相)으로 순차적으로 나누었는데 약간 전문적인 용어이기 때문에 설명을 생략하지만 두 번째에 역설상(逆說相)을 둔 것은 재미있다.

이 역설상은 수면에 있어서의 역설수면과 그 의미가 전연 다른 것으로서 깨어 있을 때는 약한 반사 밖에 일으키지 못하는 자극도 깊이 자고 있을 때는 의외로 큰 반사를 일으키며, 또 반대로 강한 자극이 의외로 작은 반사를 일으키는 때가 있음을 말하는 상(相)인 것이다. 우리도 꾸벅꾸벅 졸고 있을 때 누가 갑자기 손이나 발을 치면서 깨우면 깜짝 놀라 깨는 수가 있는데 바로 이것이 역설상에 해당되는 상이다. 여기에서 제지가 뇌 전체에 퍼짐으로써 수면이 일어난다고 하는 파블로프의 생각을 실증(實證)하는 일은 사실상 어려운 일이며 앞으로 신중히 재검토해 볼 여지가 충분히 있다고 생각한다.

또한 파블로프는 단조로운 자극이 여러 번 반복되는 것이 잠으로 유인하는 가장 큰 원인이라고 보고 있다. 이것은 진술한 〈뇌간 망양계〉의 활동이 억제되기 때문인 것으로 현재 설명하고 있다. 이미 옛날부터 인간은 지혜를 터득하여 물방울 소리를 계속 똑똑 들리게 하여 잠을 재우는 방법이 있었으며, 일본에서는 한 때 이 소리를 내는 기계를 제품으로 팔기도 하였다. 전동차나 기차를 탔을 때 덜커덕덜커덕 하는 소리의 반복, 어린 아기를 잠재우기 위해 흔들어 주거나 몸을 가볍게 두들기거나 자장가를 되풀이하여 불러 주는 것 등은 모두가 다 같은 이유인 것이다. 유럽에서는 양떼를 머릿속에 상상하고 머릿수를 세면서 잠을 재촉하고 있는데 이 방법도 역시 일종의 단조성(單調性)에 의한 효과를 노린 것이다. 수를 센다는 것은 결국 뇌를 흥분시키지 않고는 할 수 없는 일이므로 최후의 효과는 뇌를 피로하게 만드는데 그 목적이 있다고 보아야 할 것이다.

불면에 관한 이야기

불면증을 정의한다는 것은 참 어려운 일이다. 왜냐하면 도대체 어느 정도까지를 불면증으로 하느냐 하는 것이 문제이기 때문이다. 예를 들어 실제로 뇌의 어디에 장애가 있든가 혹은 어떤 병이 있어 간접적으로 불면이라는 증상으로 일어나는 것이 아닌가 등등의 어려운 결정을 해야 할 때가 있다.

데멘트는 그의 저서 『밤을 새우는 사람, 자는 사람』에서 한 예를 들고 있다. 한 환자는 30년간 불면증으로 고민하여 온 사람인데 아무리 치료하려고 해도 치료가 되지 않았다. 언젠가 그의 부인으로부터 그가 몹시 크게 코를 곤다는 얘기를 듣고 뇌파와 호흡을 동시에 기록하여 보았다. 그런데 이 사람이 자는 동안 갑자기 호흡이 60초간 내지 100초간 정지되는 사실을 발견하였다. 그리고 정지된 후에는 어김없이 눈을 뜨면서 잠에서 깨어나곤 하는 것을 매일 밤 수백 번씩 반복하고 있었다. 이것이 그만 습관이 되어 모르고 있었으니 낮에 졸린 것도 당연한 일이었다. 이와 같은 증상은 현재 〈수면 시 무호흡증〉으로 진단되는데 여기서는 그런 특수한 경우가 아니라 보통 불면증이라고 하는, 가령 자기가 앓고 있는 병에 대해서 근심이 되어 혹시 불치의 병이 아닌가, 혹은 자기가 지금 죽으면 어떻게 하나 등등 소용없는 생각이 문뜩문뜩 떠올라서 밤잠을 못 이루는 상태에 관해서 이야기하려 하는 것이다.

"나는 불면증에 걸렸어"하면서 "지난밤도 한 잠도 못자고 시계가 3시인가 4시를 치는 소리를 분명히 들었지"하고 투덜대는 친구가 있었다. 대체로 이런 불평을 가끔 하는 사람은 사실은 시계가 종을 치기 전에는 잠들어 있다가 종소리가 울리자 퍼뜩 잠에서 깨어나기 때문에 종소리를 기억하고 있는 사람인 것이다. 또한 연구실에 오도록 해서 수면기록을 하려고 하면 "저는 안될 겁니다. 불면증이 있거든요."하는 사람도 있는데 이 사람도

"하여튼 눈을 감고만 계세요. 그렇게만 하면 되니까요"하면 아니다 다를까 코를 골며 자는 것을 볼 수 있다. 기록이 끝나면 "제가 말한 대로죠. 전혀 잠을 못 잤으니 기록도 못 하시고."라고 겸연쩍어 한다.

이와 같은 일은 짧고 얕은 잠을 잤을 경우에는 누구라도 마찬가지인데 이러한 잠을 미소수면(micro—sleep)이라고 한다. 뇌파를 보더라도 분명히 자고 있는 것으로 나타나는데 본인은 한잠도 못 잤다고 한다. 그것은 자는 동안은 무의식상태가 되므로 그 후에 깨우면 방금 새로운 기억으로서 잠들기 시작했던 바로 전의 일이 생각되기 때문이다. 누구라도 의식을 잃고 자고 있는 동안은 "지금 나는 자고 있다"는 생각을 할 수 없고 말할 수도 없는 것이다. 따라서 적어도 잠을 자기 위해서 잠자리로 들어간 사람은 조금이긴 하지만 이미 자는 상태이며, 그리고 눈을 감기만 하면 뇌파는 안전 상태로 나타나기 시작하여 이것만으로도 뇌는 인정되는 것이다.

사람도 유아인 때에는 하루에도 몇 번씩 자다 깨다 하는데 이것이 동물로서의 사람의 본래 리듬이다. 젖 먹는 아기는 차츰 어른들의 생활에 영향을 받아 깨어 있는 시간이 길어지고 다시 교육을 받기 시작하면서 인간 사회의 환경의 지배를 받아 하루에 한번 자는 리듬으로 정착된다. 그러므로 사람은 항상 수면부족인 상태에 놓여 있게 되며 고도의 문명사회를 건설할 수 있었다고 본다.

이렇게 생각한다면 사람은 아무 때고 잠을 잘 수 있다는 얘기도 된다. 그런데 정신적으로 장애가 있으면 반드시 불면이라는 증상으로 나타나는 것과 같이, 현대에 와서는 마음의 불안이 급기야는 불면으로 나타나고 그 결과로서 자살의 증가가 문제되고 있다.

이런 얘기가 있다. 어느 날 어떤 절의 주지스님에게 중년신사가 찾아 왔다. 언뜻 보기에 아무래도 자살할 것 같은 예감이 들어서 스님은 다음과 같이 말해 주었다. "죽음에 대해서는 밤에 생각해서는 안 됩니다. 하룻밤 자고 아침에 생각해 보도록 하십시오". 중년신사는 오랫동안 많은 절을 순례하고 나서 다시 스님을 찾아 왔을 때는 발랄한 삶의 희망에 불타고 있었다고 한다. 그런데 이런 이야기를 다른 유명인에게도 해주었는데 유감스럽게도 그 사람은 돌아가는 길에 바다에 몸을 던져 투신자살하였다는 것이다.

생각해 보면 〈잠의 신 솜누스(Somnus)〉와 〈죽음의 신 모르스(Mors)〉는 쌍둥이로서 밤의 신 녹스(Nox)의 아들들이므로 〈밤〉과 〈잠〉, 그리고 〈죽음〉과는 서로 밀접한 관계가 있는지도 모르겠다. 〈밤〉과의 관계를 끊는다는 것은 〈잠〉으로서는 괴로운 일이지만 〈죽음〉으로부터는 해방되는 방법이 아닌가 생각된다.

물리적 및 화학적 입면법

입면법(入眠法)이라고 해도 별다르게 특수한 방법이 있을 리 없고 다만 각성상태에서 수면상태로 좀 더 빨리 들어가게 해 주는 방법일 뿐이다. 그냥 놔 두어 자연히 자게 되는 것을 예정보다 빨리 자게 해 주는데 지나지 않는 것이다. 〈화학적 입면법〉에는 수면제가 가장 많이 사용되지만 역시 수면제의 결점은 무엇보다도 그 작용이 축적된다는 사실이며 깨어 있어야 할 때도 약의 효과가 지속됨으로써 뇌의 활동을 둔화시킬 위험이 뒤따른다는 것이다.

뇌 활동을 변화시키기 위하여 약을 쓰는 것을 나는 반대한다. 한 때 세간을 떠들썩하게 했던 소위 〈머리가 좋아지는 약〉 소동도 이제는 매스컴도 별로 탐탁지 않게 다루고 있는 것 같다. 내가 반대하는 제일 첫 번째 이유는 뇌 활동에서의 평형(밸런스)이 깨질 염려가 있기 때문이다. 뇌는 음과 양의 상반되는 두 개의 인자가 끊임없이 평형을 유지하고 있는 것으로서, 즉 좌우의 대뇌반구(大腦半球)에서 좌는 언어기능을 주관하고, 우는 감각기능을 주관한다. 파블로프 학설에 의하면 음양은 흥분과 제지로 구별하고, 자율기능은 교감신경계 외 부교감신경계로 구별하며, 정보의 출입은 감각신경계와 운동신경계로 나눌 수 있다. 이상과 같은 구분에서 각각의 역할은 서로 다르지만 뇌 전체로서의 평형이 항상 유지되고 있는 것이다. 여기에 어떤 자극(약)을 가하여 한 쪽만을 흥분시키게 되면 반작용으로서 다른 한 쪽에 무엇인가 변화를 일으키게 되며, 따라서 뇌의 어딘가에 좋아지면 뇌의 다른 데는 나빠지게 마련인 것이다.

약을 쓰면 좋지 않은 두 번째 이유는 약이 〈혈액—뇌 관문〉을 쉽게 통과하여 자궁속의 태아에 치명적인 영향을 주기 때문이다. 뇌에는 〈혈액—뇌 관문〉이라고 하는 장벽이 있어서 물질이 혈액에서 뇌의 신경세포로 돌아가는 것을 조절하고 있다. 이 관문을 쉽게 통과하는 물질과 통과하지 못 하는 물질이 있는데 공교롭게도 태아의 뇌는 이 관문을 가지지 않기 때문에 어떤 약물을 임산부가 먹었을 경우 모체는 별 이상이 없지만 태아의 뇌는 이 약의 영향을 받게 되는 것이다. 진정제나 수면제를 임산부가 오랫동안 복용하여 기형아(畸形兒)를 낳는 예를 우리는 흔히 보아

왔다.

세 번째 이유는 모처럼 잠을 잘 자기 위해서 먹은 약이 오히려 반대로 매우 심한 수면장애를 일으키는 경우가 최근에 특히 많은 것으로 알려졌기 때문이다. 데멘트에 의하면 세코바르비탈 소다, 아모바르비탈 소다, 아모바르비탈, 펜토바르비탈, 바르비탈, 글루테티미드, 메티프릴론, 에트크롤비놀 등등 기타 대부분의 수면제는 만성적으로 사용하면 안 된다고 경고하고 있다. 일반적으로 마시는 알코올성 음료도 역시 해당된다고 한다.

네 번째 이유는 무릇 뇌가 좋고 나쁜 것은 뇌로 들어가는 자극 중에서 특히 언어자극의 양과 질에 따라서 결정되는 것으로서 그것을 암기하고 취사선택하여 또 사용하고 생각함으로써 가능한 것이지 결코 영양분이나 약으로서 결정되는 것은 아니기 때문이다.

다섯째 이유는 수면제라고 하고 중탄소소다(중조)를 먹여도 좋은 효과를 볼 수 있기 때문이다. 물론 그것을 먹일 때는 본인이 모르게 해야 한다. 물론 불면증이 병적으로 심한 사람인 경우에는 중조를 먹여도 듣지 않지만, 그렇지 않은 보통의 불면증 환자는 아주 잘 듣는데 이 때의 효과는 사실은 중조의 약효가 아니라 "수면제입니다"라고 하는 의사의 말에 의해서 나타나는 것이다. 그 말을 불면증환자가 믿고 있기 때문이다. 이것이야말로 네 번째 이유를 증명하는 예라고 볼 수 있다.

이상 말한 다섯 가지 이유에서 보더라도 수면제가 얼마나 비생리적인 것인가를 알 수 있다. 혹 아직도 상용하는 독자가 있다면 조금씩 양을 줄여나가도록 하고 될 수 있다면 즉시 끊어버리고 다른 입면법을 시도해 보는 것이 바람직하다.

그런 점에서 본다면 화학적 입면법보다는 전기를 사용하는 〈물리적 입면법〉이 보다 안전하다. 이것은 최초로 소련의 기리 야롭스키(1953년)에 의해서 개발된 방법으로서 그 후 각국에서 채용되고 있는데 역시 불면증을 치료하는 데에는 전류보다도 암시(暗示)의 힘이 더 효과적인 것으로 알려져 있다.

이 암시의 힘에 관한 실험적 연구가 거의 되고 있지 않은 것은 이상하다. 그것은 필경 동물은 사람과 달라 쉽게 암시에 걸리지 않기 때문인지도 모른다. 우리 연구실에서는 입면 시 손의 피부온도가 올라가면서 각성 상태에서 수면으로 이행되어 갈 때 교감신경계의 긴장이 약화되는 사실에 근거하여 일련의 실험을 시도하였다. 즉 고양이의 시상하부에 있는 교감신경 억제중추에 약한 전기 자극을 가함으로써 잠을 자게 하는데 성공하였다. 이 원리를 사람에게도 응용할 생각이어서 만약 그렇게 된다면 불면증도 해결되고 수면제와 달라서 축적작용과 같은 부작용도 없이 안심하고 이용할 수 있을 것으로 본다. 그러나 이 방법은 항상 아무 때나 이용되는 것이 아니다. 가령 고양이가 혀로 털을 핥는다거나 할 때는 효과가 없다. 만약 사람에 있어서 이와 같은 때에 효과적인 방법은 〈전기 쇼크〉나 〈마취〉 뿐인데 그런 의미에서도 이 방법은 매우 유용한 입면법이라고 생각된다.

생리적 입면법에 대하여

지금까지 말해 온 입면법은 모두 물질이나 물건을 사용하는 것이었지만 생리적인 입면법은 혼자서 스스로 할 수 있는 것으로서 나 자신도 가끔 잠이 잘 오지 않을 때 실행하고 있다. 많은 사람들로부터도 그 효과를 인정받고 있어서 여기에 그 방법을 소개해 둔다.

파블로프의 학설 중에 〈유도의 법칙〉이라는 것이 있다. 그것은 뇌의 일부가 흥분되면 그 주위에 제지가 일어난다는 법칙이다. 이것을 기능적으로 생각하면 어떤 기능을 작동시키면 그 반대되는 기능이 억제된다는 것을 의미한다. 이 법칙은 일면에서는 파블로프의 은사였던 세체노프의 〈적극적 휴식〉과 유사하다.

〈적극적 휴식〉이라는 것은 가령 오른손만을 써서 피로할 때는 반대쪽의 왼손을 사용하여 오른손을 쉬게 하는 것이 양쪽 손을 모두 쉬게 한 것보다는 휴식 후의 오른손의 효율이 더 좋다는 이론인 것이다. 나는 이 유도의 법칙을 공부할 때 이용할 것을 기회가 있을 때마다 말해 오고 있다. 즉 시험공부를 할 때 이과계인 수학, 물리, 화학 등을 계속해서 하는 것보다는 그 사이사이에 문과계인 과목을 간간히 공부하는 것이 더 능률적이라는 것이다. 그것은 이과계를 공부하는 동안 문과계의 공부에 쓰는 뇌를 충분히 쉬게 할 수가 있기 때문이다. 이와 같이 〈유도의 법칙〉을 사용하는 것이 내가 제창하는 입면법의 요점이다.

그런데 〈잠이란 무엇인가〉를 생각하기 전에 뒤집어서 〈깨어 있다는 것은 무엇인가〉를 상식적으로 생각해 보자. "깨어 있다는 것은 눈을 뜨고 있는 것이다"라는 뜻이긴 하지만 가끔 눈을 감기도 하고 눈알을 움직이면서 물건을 보는 상태, 즉 시각계의 뇌를 작동시켜 주위환경을 인식하고 거기에 대처하는 것이며, 이와 같은 기능이 억제되어 할 수 없을 때의 상태가 잠으로 기울어지는 결과가 된다고 생각할 수 있다. 눈을 감는 일부터 시작되는 정상인의 수면은 바로 이것을 말해 주고 있다.

다음으로 〈생각한다〉고 하는 기능을 생각해 보자. 이 기능은

〈언어〉라는 수단을 통해서 비로소 가능한 것으로서 한국인은 한 국말을 통해서 생각하고 있다. 이 언어를 파블로프는 〈제2신호〉 라고 해서 시청각 등의 일반적인 감각자극인 제1신호와 구별하 고 있다. 그중에서도 특히 시각자극과 언어는 가장 연결을 맺기 쉬운 것이라는 설이 있다. 예를 들어서 귤이라고 말했을 경우 먼저 뇌에 심상(心象)으로 떠오른 것은 귤의 모양과 빛깔이며 곧 미각과 촉각이 느껴지는 사람은 드문 것이다. 그 반대로 귤을 보았을 때에도 얼른 "아, 귤!"이라고 항상 사용하는 우리말로 그 것을 확인하게 되는 것이다.

지금까지 말한 내용을 정리해 보면 다음과 같이 된다. 시각이 작동되는 때가 각성이며, 또 〈생각한다〉는 것도 시각이 작동되 는 것이므로 각성이다. 이것은 비록 눈을 감고 자려고 해도 이 것저것 생각하게 된다고 하는 것은 아직도 각성상태가 계속되고 있다는 뜻이며 잠자는 것 자체나 혹은 잠으로 이행해 가려고 하 는 것을 방해하고 있다는 얘기가 되는 것이다.

이와 같은 관점에서 이론적으로는 다음과 같은 결론을 얻을 수 있다. 즉 "잠이 들려면 시각계의 작용을 억제하지 않으면 안 된다". 그렇다면 어떻게 하면 시각계의 작용이 억제될까. 한 마 디로 〈생각하는 일〉을 중지하면 된다. 그러나 이것도 말이 쉽지 좀처럼 실행하기 어려운 일이다.

이 절의 맨 처음에 말한 〈유도의 법칙〉이 바로 여기에 응용되 는 것인데 그전에 헤르난데스 페옹과 주베 등(1955년)이 얻은 유명한 실험결과를 한 가지 더 소개해야 할 필요가 있다. 실험 결과는 다음과 같다.

① 고양이 옆에서 나사 돌아가는 따르륵 소리를 한 번 내면

고양이의 청각계로(路)에 그 소리에 대응하는 전위(傳位)변화가 기록된다. ② 고양이 앞에 쥐를 놓아두면 고양이는 쥐를 열심히 본다. 이 때 따르륵 소리를 낸다. 그러나 고양이의 청각계로에 이 소리에 대응하는 아무런 전위변화가 일어나지 않는다. ③ 쥐를 치운다. 고양이는 정상으로 돌아간다. 이 때 따르륵 소리를 내면 청각계로에 전위변화가 일어난다. 이 고양이 실험은 뇌로 들어가는 이대자극(2大刺戟)인 시각과 청각과의 사이에서 일어나는 유도현상이다. 결국 ②에서와 같이 시각계가 흥분되고 있을 때는 청각은 작동되기 힘들다는 뜻이다. 이는 사람에 있어서도 때때로 일어나는 일이다. 예를 들면 어깨를 툭 치며 "아까부터 부르고 있었는데."하면 "아 그래 미안해. 신문 보는데 정신이 팔렸었나보지."라는 대답을 듣는다. 이 경우도 역시 시각을 동원하여 골똘히 무엇인가 보고 있을 때 청각의 기능이 억제되어 있었던 좋은 예이다.

　이와 정반대로 시각계의 기능을 억제하기 위한 방법으로서는 청각계를 작동시키는 것이 효과적임은 두말할 필요가 없다. 이것은 간단히 이해할 수 있는 일이다. 음악회에 가서 골똘히 귀를 기울이고 있노라면 자기도 모르는 사이에 눈이 감기게 되는 것을 경험한다. 바로 이것이다. 이제부터 잠을 자려고 마음을 먹었으면 주위에서 들려오는 소리만을 열심히 들으면 되는 것이다. 소리는 완전하게 방음시설이 되어 있지 않는 한 전혀 없을 수는 없는 것이어서 가만히 귀를 기울이고 있으면 무슨 소리이든 들려오는 것이 있게 마련이다. 겨울철 삭풍이 부는 소리, 빗물 떨어지는 소리, 가을벌레 우는 소리 등은 잠자는 데 안성맞춤이다. 그렇지만 범인(凡人)은 정감이 없어 그런지 어느새 또 〈생각〉은 꼬리를 물고 〈생각〉에 빠지게 된다. 퍼뜩 정신을 차리고 보면 소리를 듣고 있지 않고 있어 다시 귀를 기울이게 된다. 이렇게 두세번 반복하는 사이에 어느새 잠들게 됨을 경험할 수 있다. 예부터 너무 흥분하여 잠을 못 이룬다는 말은 있어도 귀가 너무 밝아 못 잔다는 말은 없다.

다음 날 아침잠에서 깨어나 엊저녁 맨 나중에 있었던 일을 기억해 보면 무엇인가 듣고 있었던 것까지는 생각날 것이다. 이 〈유도의 법칙〉을 이용한 입면법이야말로 정말 간단하여 도구도 필요 없고 돈도 들지 않고 안전한 것이다. 그 소리를 셀 필요도 없다. 그저 귀를 기울여 듣고 있기만 하면 되는 것이다. 이렇게 해도 도저히 잠을 잘 수 없는 사람에게는 다음과 같이 말해 주고 싶다. "밤을 꼬박 새며 한잠도 자지 마십시오. 아무리 잠을 안 잔다 하더라도 절대로 죽지는 않을 테니까. 한 번 잠 안자기 세계기록을 수립해 보는 것이 어떨는지요."

오줌싸기와 꿈은 일치하는가

야뇨(夜尿), 즉 오줌싸기는 어린이이 경우는 일종의 생리현상 이라고 할 수 있는 것으로 4세에서 12세까지의 어린이 500명을 조사해 본 결과 22%가 이불에 오줌을 싼 경험이 있는 것으로 나타났다.

내가 대학생 57명을 조사해 보니 그 중 44명(77%)이 오줌을 싼 경험이 있다고 대답하였다. 이중에서 오줌 싼 것과 꿈이 일 치하였다고 한 사람이 22명, 일치한 것으로 생각된다고 한 사람 이 17명, 일치하지 않았다고 대답한 사람 5명 중의 4명은 "꿈속 에서 오줌을 싸서 깨어 보니 이불 위에는 오줌을 싸지 않았지만 바다와 호수, 개울이나 물과 관계가 있는 꿈을 꾼 다음에 눈을 떠 보니 오줌을 쌌다"고 대답하였다.

미국에서 조사된 결과에 의하면 5세에서 9세까지의 야뇨증(夜尿症)이 있는 어린이가 역설수면을 하고 있을 때 깨워 보니 14회 중 9회는 꿈을 꾸고 있었다. 그 꿈의 내용에는 소방차라든가 총격전과 같은 "불"과 관계가 깊은 것이 많았다고 한다. 이 조사에서 꿈 꿀 때 야뇨가 있었는지 없었는지는 확실히 하지 않았기 때문에 내 결과와 비교할 수는 없지만 일본에서는 어린이가 저녁 늦게 불장난하고 있으면 "이불에 오줌 싼다"고 부모들이 말리는 풍습이 있다. 과연 이불에 오줌을 싸게 하는 꿈은 물인가 그렇지 않으면 불인가 어느 것인지 알 수 없다.

많은 연구보고에 의하면 대체로 어린이의 야뇨증은 꿈과 일치하는 경우가 많다. 그러나 어른의 경우는 꿈이나 혹은 역설수면과는 아무런 관계가 없다고 한다. 그런데 꿈은 역설수면뿐 아니라 서파수면 때도 꾸고 있으므로 꿈과의 관계는 아직도 더 연구해 볼 여지가 있다. 그리고 꿈과 일치하여 야뇨를 하는 경우에서 어느 쪽이 먼저인가 하는 것도 확실히 밝혀지지 않고 있다.

야뇨를 연구하기 위하여 실험할 때는 옷이나 포대기가 젖으면 전기회로를 통하여 벨소리가 나도록 해놓고, 또 뇌파기록에 꿈의 싸인(기호)이 적히도록 하는 방법을 쓰고 있다. 그런데 이 때 싸인은 실제로 배뇨(排尿)가 된 연후에 나타난다고 한다. 따라서 오히려 피부의 감각수용기가 배설된 오줌으로 인해서 자극을 받아 이 정보가 꿈을 유발시키는 것이 아닌가 보는 학자도 있다. 그러나 이제까지 기억되고 있는 나의 귀중한 체험에 의하면 꿈속에서 꾹 참고 견디다 못해 결국 방뇨하게 될 때의 해방감과 야뇨가 일치되는 사실로 미루어 나는 꿈이 먼저라고 생각된다.

뇌의 어느 부위가 잠과 꿈에 관계되는가

사람의 몸은 집합체(集合體)가 아니라 통일체(統一體)이다. 그것을 지배하는 것은 뇌이며 정부에 각 부서가 있듯이 뇌에도 운동중추, 자율중추 등이 있으며 다시 많은 부위로 세분화되고 있다.

당연히 뇌의 어딘가에 각성과 수면에 관계되는 중추가 있기 때문에 잠에서 깨기도 하고 잠을 자기도 하는 것이라고 생각된다. 그런데 수면중추라고 말해오던 뇌 부위도 수를 세어 보니 대여섯 군데나 된다. 이렇게 되면 마치 사공이 많으면 배가 산으로 오른다는 격으로 중추라고 할 수도 없는 일이다. 더욱이 수면을 다시 두 가지 종류로 나누고 있는 이상 수면중추도 두 개로 나누지 않으면 안 된다. 처음으로 다시 돌아가서 생각해 보면 세분화된 많은 중추를 설정하려고 하는 경향은 사상면에서는 생체를 하나의 집합체로 보려고 하는 경향과 상통하는 것이다. 나는 생체를 유기적인 통일체로 간주하며 〈한 가지 기능을 주관하는 뇌의 중추〉라기보다 〈중추적 역할을 하는 뇌의 부분〉이라고 표현하는 것이 좋으리라고 생각된다.

두 개의 수면 중추라고 한다면 서파수면은 〈대뇌피질〉이고 역설수면은 〈교〉(橋, 연수와 함께 생명활동의 중추도 되는 곳)인데, 이에 대한 구체적인 예는 식물인간의 상태에서 잘 볼 수 있다.

이 상태에서는 의식은 없지만 호흡계와 순환계는 활동하고 있고 전형적인 서파수면은 일어나지 않지만 역설수면은 일어나고 있는 것이다. 곧 이 사실은 대뇌피질은 작동이 안 되고 있으나 교와 연수는 작동되고 있음을 말해 주는 것이다.

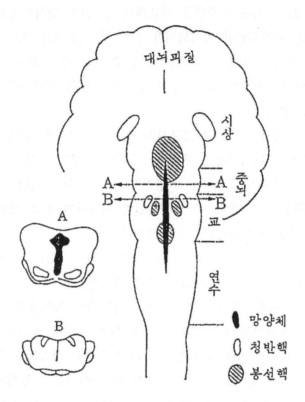

〈그림 29〉 주베가 생각한 두 개의 핵

　이상은 부베교수 연구진의 정력적인 연구 성과에 의한 것인데
다시 주베 등은 우리(마츠모도 등, 1964년)가 최초로 제창한 수
면의 모노아민설에 의거하여 세로토닌이 많은 봉선핵(縫線核)을
서파수면의 중추로, 그리고 놀아드레날린이 많은 청반핵(靑斑核)
을 역설수면의 중추로 생각했었지만 청반핵에 대해서는 잔게티
(1967년)에 의해서 양쪽 청반핵을 모두 파괴해도 역설수면이 일
어난다고 해서 부정되고 있다. 그런데 우리도 주베가 최초로 생

각한 〈교〉의 특수한 부위를 파괴하여 본 결과 일시적으로는 역
설수면과 서파수면이 억제되지만 곧 모두 회복되는 점으로 보아
〈교〉의 파괴는 수면전체를 일어나지 않게 할 수는 없고 다만 뇌
의 각성도를 전체적으로 낮추고 있다고 결론을 내린 바 있다(가
미야마, 1971년).

수면 중에서도 특히 생명유지와 관계가 깊은 역설수면은 뇌의
극히 일부를 파괴했다고 해서 안 나타나는 것은 결코 아니어서,
따라서 지금까지 수면중추로 알려져 왔던 부위는 다만 그 배경
을 만들어 주는 역할, 즉 역설수면이 나타나기 쉬운 상태를 마
련하여 주는데 불과하였는지도 모른다.

다시 처음으로 돌아가서 수면중추라고 하는 부위가 뇌에 여러
군데 있다는 얘기는 그것을 하나씩 파괴하였을 때 혹은 자극하
였을 때 수면이 없어지기도 하고 나타나기도 하였다면 마치 이
것은 한 우물물을 여러 군데서 파서 먹은 격이다. 뇌속을 한 개
의 공통된 수맥(水脈)의 흐름이 통하고 있다고 생각해도 좋을 것
이다. 그 수맥은 물론 형태를 가진 것은 아니고 기능적인 특징
만이 있는 것이라고 추리하고 싶다. 나는 그 특징의 하나가 자
율신경계, 아마도 교감신경계라고 생각되며 또 하나는 흐름 속에
있는 물질이 아닌가 생각된다.

수면물질은 존재하는가

이 수맥(水脈)의 흐름(앞절 참조) 속을 흐르면서 잠을 일으킨다
고 생각되는 물질을 수면물질이라고 하는데 이 물질의 존재를
제일 먼저 증명한 사람은 피에론(1913년)이었다.

그는 피로하여 지쳐 있는 개의 뇌척수액(腦脊髓液)을 뽑아서

그것을 원기왕성한 개의 제4뇌실 속에 주입하면 개가 잠들고 마는 사실, 피로하지 않은 개의 뇌척수액을 같은 뇌실 속에 주입하면 잠을 자지 않는 사실을 관찰함으로써 피로한 과정에서 "힙노톡신"이라고 하는 물질이 뇌에 축적되기 때문에 잠을 자게 된다고 생각하였다. 그 후 여러 사람이 같은 실험을 시행하였다. 모니에(1963년)는 토끼를 가지고 이것과는 다른 방법으로 수면물질이 존재한다고 하는 사실을 증명하고 있다. 즉 A, B 두 마리 토끼의 경동맥(頸動脈)을 서로 바꾸어 A의 경동맥은 B의 뇌와 연결시키고, B의 경동맥은 A의 뇌와 연경시켜 서로 상대편의 동맥혈의 공급을 받도록 하여 놓고 A의 뇌를 전기로 자극하여 잠자게 하면 20초 내지 30초 후에는 B도 잠을 자게 됨을 뇌파상으로 확인하였다. 이 결과는 곧 수면을 일으키는 수면물질은 뇌척수액뿐만 아니라 혈액에도 있다는 사실을 암시해 주고 있는 것이다. 그러나 아직은 아무도 이것이 〈수면물질〉이라고 증명한 사람은 없다.

내가 수면, 특히 역설수면의 〈체액성인자(體液性因子)〉에 흥미를 가지고 연구에 손을 댄 것은 이와 같은 이유에서만은 아니다. 역설수면의 현상은 어김없이 자율신경의 변화를 동반하고 있는 점에서 뇌의 교감신경성 물질인 카테콜아민과 부교감성물질인 세로토닌의 양을 증감시켜 보면 뭔가 변화가 수면과정에 나타날 것이라는 가정에서부터 착상하기 시작하였다(1964년).

그 결과 세로토닌이 감소되면 서파수면이 적어지고 놀아드레날린이 감소되면 역설수면이 잘 안 일어나는 사실을 발견하게 되었다. 따라서 서파수면과 역설수면을 일으키는데 필요한 조건은 뇌 속에 세로토닌이 있어야 한다는 것과 충분조건으로서는 놀아드레날린의 존재라는 결론을 얻게 되었다. 이것이 현재 널리 소개되어 인정받고 있는 "수면의 모노아미설(說)"인 것이다.

그리하여 나는 수면을 일으키는데 어떤 물질이 관여한다기보다도 어떻든 〈체액성인자〉라고 하는 것이 수면의 유발에 작용하지 않겠는가 하는 근본적인 생각을 하게 되었다. 그렇다면 몸은 하나인데 머리가 둘이 달린 이른바 "샴 형제"는 수면이 어떻게 될까. 이와 같은 기형아에서는 체액은 공통이므로 만약 체액성인자가 크게 영향을 미친다면 수면은 동시에 일어나야 할 것이다. 소련사람 알렉세와(1958년)가 "샴 형제"를 조사해 보았다. 한 쪽은 잠을 자고 있는데 또 한 쪽은 또릿또릿하게 눈을 뜨고 있는 사진을 연구논문에 실으면서 수면은 체액성으로 일어나는 것이 아니라고 주장하였다. 그러나 그것은 서파수면만을 관찰한 결과이며 역설수면에 대해서는 아직 조사되어 있지 않다.

그것을 나는 동물실험을 통하여 관찰해 보려고 하였다. "파라비오시스(倂體結合)"라고 하는 방법으로서 두 마리의 흰쥐를 나란히 놓고 복강이 서로 통하도록 하여 피하조직을 부착시켜 하나로 만드는 수술이다. 이런 상태로 70일간 생존시키는데 성공하였는데 그동안 양쪽의 뇌파와 안구운동 등을 기록하면서 수면이 동시에 일어나는가를 관찰하였다. 그 결과 두 개의 수면 중에서 역설수면이 동시에 일어나는 비율이 더 큰 사실을 발견하였다(소가베, 1971년). 이와 같은 결과는 잘 생각해 보면 당연한 결과라고 생각된다. 그 이유는 서파수면이 각성상태로부터 이행될 때는 아무래도 신경성 인자가 커서 한쪽은 잠이 들었지만 다른 한 쪽이 깨어 있기 때문에 방해받기 쉬운 것이다. 그러나 역설수면은 서파수면을 거쳐 들어가게 되므로 이때쯤이면 이미 양쪽 흰쥐가 모두 잠자고 있는 때이므로 〈신경성인자〉로 인한 행동상의 방해를 받지 않게 되며 따라서 〈체액성인자〉가 보다 크게 작용할 것은 당연하다.

최근 일본에서도 수면물질에 관한 연구가 진행되고 있지만 나는 서파수면 물질을 찾는 것보다는 역설수면 물질을 탐구하는 편이 더 빠르고 손쉬울 것이라고 생각하고 있다.

꿈의 기구

이젠 얘기를 슬슬 끝맺을 때도 되었지만 여기에서 말하고자 하는 〈꿈의 기구〉는 꿈의 내용이 어떻게 조성되어 있느냐 하는 것보다는 어떻게 일어나느냐 하는 문제, 정확히 말해서 〈꿈을 꾸는 기전〉이다. 여기에서 정신분석학과 생리학의 입장으로 나누어지게 된다.

프로이트는 그의 저서 『꿈의 판단』에서 "나는 꿈을 연구하는데 있어서 특히 심리학적인 성질을 세부로 나누어 연구하고 있다. 꿈을 반드시 수면의 문제와 연관시켜 생각하지 않는데 그것은 수면이라는 것은 원래 생리학에서 다루어져야 할 문제이기 때문이다"라고 분명히 심리학과 정신분석학의 측면으로 나누고 있는 것을 볼 수 있다. 그러나 "꿈의 재료 - 꿈속에서의 기억"이라는 항목에서 그는 "꿈의 내용을 이루는 재료는 그때까지 체험한 것을 어떤 방법으로든 사용하기 때문에 따라서 그 재료는 꿈속에서 재생산되어 생각되어 나오는 것임은 의심할래야 의심할 여지가 없는 사실이다"라고 말함으로써 꿈꾼 것을 해몽하는 기본적인 관점에서는 역시 그도 실증적이며 자연과학적인 입장에 서 있음을 알 수 있다.

프로이트는 다음과 같은 예를 들고 있다. 꿈을 꾼 다음 생각해 보면 아무리 생각해 보아도 알지도 못하고 경험한 일도 없는 꿈일 때가 있다. 그런데 그런 꿈을 꾼 후 얼마동안 지났을 때, 어떤 새로운 체험이 생겨 까맣게 잊고 있었던 오래전의 기억을 되살아나게 해주는 경우가 있다. 이렇게 되었을 때 우리는 흔히 각성 시엔 도저히 상상력이 미치지 못하던 지배권 밖의 그 무엇이 꿈속에 나타나서 생각나게 해주었다고 한다. 실례를 들면 데르베프라는 사람이 도마뱀(등뼈동물이면서 파충류에 속한 동물)에게 '아스플레니움 루타 무라리스'라는 식물(고사리의 일종)을 주는 꿈을 꾸었다. 눈을 뜨고 아무리 생각해 보아도 그런 식물 이름은 전혀 알지 못하였다. 책을 찾아보니 약간 틀렸을 뿐 '아스플레니움 루타 무라리아'가 올바른 이름이었다. 우연의 일치치고는 너무나 기가 막혀 설명할 수가 없었다. 그런데 16년 후에 이 철학자가 친구집을 방문하여 식물표본의 앨범을 보고 있던 중 이전에 꿈에서 본 아스플레니움이 있음을 발견하였다. 그 옆에는 자인 라틴어가 기입되어 있었다. 결국 꿈과 현실이 꼭 맞아 떨어진 것이다. 즉, 도마뱀 꿈을 꾸기 2년 전 이 친구의 누이동생이 신혼여행을 하는 도중 데르베프를 방문하였다. 거기에서 그녀는 오빠에게 줄 토산품(土産品) 선물이라고 해서 식물표본을 가지고 왔는데 그 때 그는 어느 식물학자에게 물어서 일일이 식물이름을 라틴어로 써 준 일이 있었던 것이다.

이와 비슷한 실례를 프로이트는 들고 있는데 여하튼 꿈은 기억의 재생(再生)이라고 주장하고 있는 것이다. 역시 베르그송도 "꿈 그 자체는 거의 과거의 재생에 지나지 않는다. 다만 그것은 우리가 알 수 없는 과거의 재생일 뿐이다. 가끔 잊어버린 사소

한 일들, 잊어버린 것처럼 여겨지지만 실은 기억의 깊은 곳에
숨겨져 있던 회상이 나타날 때도 있다. 또 잠에서 깨어나 멍한
거의 무의식상태에서 느껴진 것이 나타날 때도 있다. 더욱이 부
서진 회상의 단편들을 기억이 이것저것 주워 모아 사리에도 맞
지 않는 얼토당토한 모양으로 자는 사람의 의식에 나타나기도
한다."고 하여 역시 꿈이 기억의 재생이라고 강조하고 있는 것이
다. 또 베르그송은 "우선 일반적으로 말해서 꿈은 아무것도 창조
하지 않는다는 사실을 알아야 한다."고 하면서 꿈속에서의 창조
기능을 부정하고 있다. 그래서 그는 타르티니의 "악마의 소타나"
라든지 스티븐슨의 단편소설이 꿈속에서 만들어졌다고 하는 사
실을 인정하지 않고 있다.

이상과 같이 꿈의 내용이 기억의 재생이라는 사실은 심리학자
나 철학자도 주장하고 있는 바이다. 그러나 생리학자는 꿈꾸는
것을 하나의 반응으로 보기 때문에 이때 자극과 반응과의 사이
에 이루어지는 메커니즘을 생각하게 되는 것이다.

이 자극에 대해서 프로이트는 "꿈의 원천을 세어 본다면 결국
네 가지가 되는 것이다. 첫째는 〈외적(객관적)인 감각자극〉, 둘
째는 〈내적(주관적)인 감각자극〉, 셋째는 〈내적(器質的)인 신체자
극〉, 그리고 넷째는 〈순수한 심적인 자극〉으로 나눌 수 있다"고
하였다.

나는 실험동물을 사용하여 프로이트의 이 네 개의 원천 중에
서 첫째의 외적인 감각자극을 시험해 보고 있지만 현재로서는
뇌내(腦內)자극을 하고 있으므로 실상 둘째와 셋째 혹은 넷째의
원천 등 세 개의 자극을 모두 시도하고 있는 셈인지도 모른다.

프로이트는 외적 감각자극이 꿈의 내용으로 쓰이는 여러 가지

예를 들고 있다. 그중에서도 모리의 실험을 들고 있는데 그 실험에서 네 가지 경우를 소개한다.

① 입술과 코끝을 부드러운 깃털로 간지럽게 하면―무서운 고문도구로 얼굴을 뒤집어씌우는 꿈을 꾸며 이 도구가 벗겨지면서 얼굴의 피부도 함께 벗겨지는 꿈을 꾼다.

② 가위로 핀세트를 두들기면―종소리가 들리고 폭풍경보의 벨이 울리는 꿈을 꾼다.

③ 목을 살짝 꼬집으면―고약을 바르는 꿈을 꾼다. 어린 시절에 자주 가서 진찰을 받던 의사선생에 대한 꿈을 꾼다.

④ 촛불의 그림자가 빨간 종이를 통해 얼굴 위로 몇 번이고 떨어지도록 비추어주면―폭풍우가 몰아치며 아주 더운 날씨의 꿈을 꾸게 된다.

데멘트 등(1958년)은 자고 있는 사람이 역설수면에 들어갈 때 100와트의 전등불을 얼굴 위에 비춰 주고 1,000헤르츠의 벨소리를 들려주고 또 피부 위에 주사기로 물을 뿌려주면 대부분의 꿈 내용이 물, 빛, 소리와 관계되는 것을 관찰하였다. 물과 관계되는 꿈의 경우 합계 48회 중 20회에서 물이 떨어지거나 비가 오는 꿈을 꾸었고, 소리의 경우는 대문의 벨소리나 전화가 걸려 오는 꿈을 꾸었다고 하였다. 이와 같은 현상을 생리학적인 측면에서 생각하면 벨이 울렸을 때 전화가 걸려온 꿈을 보았다고 하는 것은 곧 그 사람이 깨어 있던 일상생활에서 1,000헤르츠에 가까운 전화 소리(조건반사학에 있어서의 범화현상汎化現象)가 꿈과 결합하여 무조건반사적으로 생각되어 나온 것이라고 볼 수 있다. 만약 그 사람이 미개지의 토인(土人)이어서 전화라는 기계를 전혀 몰랐다면 꿈속에서 전화벨 대신 괴상한 새소리나 짐승 소리가 들렸을 것이다.

이렇게 생각한다면 소리는 조건자극이 되고 전화 소리의 꿈은 그것과 결합된 조건반사라고 볼 수 있는 것이다. 그리하여 나는 "꿈은 수면 중의 조건반사다", 더 자세히 말하자면 "수면 중에 꿈을 꾸는 기전은 그 때의 자극을 조건자극으로 하는 조건반사다"라는 가설을 세우고, 현재 이 가설을 증명하는데 힘을 기울이고 있는 것이다.

이미 말한 바대로 서파수면 시에 꾸는 꿈은 선명하지 않고 단순한데 비해서 역설수면 시에 꾸는 꿈은 선명하고 장면도 많고 복잡하고 또 그 꿈의 내용도 기초가 되는 수면사(相) 따라 다양하다는 사실이 밝혀지고 있다.

여기에서 "선명하고 복잡"하다고 하는 것은 오래된 조건반사이기 때문에 명기(銘記)되는 정도가 강하고, 선명하지 않다는 것은 새로운 조건반사이므로 그 정도가 빈약하다는 의미인지도 모른다. 또한 사람이 노년기가 되면 꿈을 적게 꾸게 되는 것도 새로운 것을 기억하는 능력이 저하되기 때문에 서파수면기의 꿈의 횟수가 감소되는 까닭이라고 생각된다.

전술한바 나는 가설을 증명하기 위하여 파블로프의 방법과 같이 이하선(耳下腺)에서 분비되는 타액을 측정하는 실험을 시도하였다. 〈그림 30〉에서와 같이 폴리에틸렌관을 통하여 타액이 머리 위에서 분비되도록 함으로써 개가 어떤 자세로 잠을 자더라도 타액량을 측정할 수 있게 하였다. 조건자극으로 500헤르츠의 순음(純音)의 클릭 소리를 내어 서파수면 시에는 타액이 분비되는 것을 확인하였지만 역설수면 시에는 분비되지 않았다. 여기에

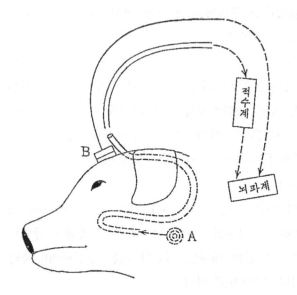

〈그림 30〉 자유 자세에 있어서의 타액분비
측정법(마츠모도 등, 1968년)

서 다시 생각하여 현재는 개 대신 고양이를 사용하여 조건자극
으로서 뇌 내 자극을 하는 방법을 추구하고 있다.

동물은 언어기능을 가지고 있지 않기 때문에 동물을 가지고
꿈 연구를 한다는 것은 불가능하다. 실험모델로서 동물을 쓸 수
없다고 해서 사람을 쓴다는 것도 비인도적인 것이므로 이것도
불가능한 것이다. 남은 단 한 가지 해결법은 사람에게 나타나는
현상을 토대로 근원적인 기전을 추정하여 하나의 이론을 세워
가설로 정한 다음 그것을 동물실험을 통하여 증명하는 길밖에는
별 도리가 없는 것이다. 꿈을 과학적으로 추구하는 방법에는 이
와 같은 방향 이외에 아무것도 있을 수 없다는 것을 믿고 꾸준
한 노력을 쌓아나갈 뿐이다.

후기를 대신하여
―인생에 있어서의 잠의 의의

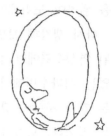

　끝맺음으로서 잠과 꿈이 인생에 있어서 과연 어떤 의의를 갖고 있으며 또 어떤 역할을 하고 있는지에 관해서 생각해 보기로 하자.

　〈잠을 잔다〉고 하면 옛날부터 〈나태(게으름)〉하다는 느낌을 누구나 받게 되고 〈낮잠 자는 도둑놈〉이란 말도 있듯이 아무래도 나쁜 의미로 흔히 쓰이고 있는 것은 사실이다.

　그러나 역설수면이 발견된 이래 꿈도 과학적으로 연구되기 시작하였고 또 한밤중에 돌발하는 협심증(狹心症), 천식발작(喘息發作) 혹은 갑자기 의식을 잃어버리는 날콜렙시(수면발작) 등과 같은 여러 질병의 정체가 잠의 연구를 통하여 밝혀지게 됨으로써 인생에 있어서의 잠의 의의와 가치가 점차 인정받게 되었다.

　자주 학생들에게도 말하고 있는 말이지만 여러분은 지금 의학이 발달할 수 있는 한도까지 극도로 진보하여 이 이상 더 발전할 여지가 없는 것처럼 생각할지도 모르지만 그것은 천만의 말씀이다. 현재의 의학서적은 병자가 눈을 뜨고 깨어 있을 때의 병태(病態)에 관한 것뿐 병자가 잠자고 있는 동안의 증상에 대한 것은 거의 없다고 해도 과언이 아니다. 따라서 지금의 의학은 인생의 3분의 2를 다룬 의학이므로 나머지 3분의 1은 아직도 미지수인 채 남아 있다. 지금의 참고서 분량의 반쯤은 아직 더 써야 할 것으로 남아 있는 셈이므로 모두 분발하여 새로운 발견을 위하여 노력해야 할 것이다.

다시 생각해 보면 잠에 관한 한 연구자의 흥미는 최근에 발견된 역설수면에만 집중되어 온 것이 사실이다. 역설수면은 의식이 없는 서파수면에서부터 이행되는 것으로서 그 메커니즘은 어떻든 간에 사람이 잠자는 동안 일어나는 일이므로 직접 관련은 없는 것이다. 오히려 실제로 사람을 못살게 괴롭히는 문제는 의식이 있는 각성상태에서 서파수면에 잘 들어가지 않는 상태가 불면증이고, 특히 눈을 뜨고 있을 때 현실적인 사회 환경이 복잡하여 여기에서 오는 〈마음의 불안〉이 불면증을 증가시키고 있는 경향이기 때문에 연구의 초점을 역설수면보다는 오히려 서파수면 쪽으로 돌리는 것이 바람직한 일이라고 생각된다.

이 두 종류의 수면에 관하여 영국의 오스왈드는 운동 후에 피로하면 서파수면이 증가되는 사실에서 서파수면은 몸의 성장과 회복에 필요하며, 또 신생아와 유아기에 많이 나타나는 사실에서 역설수면은 뇌의 성장과 회복에 필요하다는 학설을 주장하고 있지만 나는 오스왈드의 생각과는 오히려 반대로 생각하고 있다.

또한 한때 에코노모(1925년)는 수면을 〈뇌수면(brain sleep)〉과 〈체수면(body sleep)〉으로 나누어 뇌수면은 대뇌피질이나 시상(視床)의 활동이 억제되기 때문에 일어나고 체수면은 자율기능의 중추를 억제하기 때문에 일어나는 수면이라고 설명하였다. 어떤 학자는 지금의 서파수면은 에코노모의 뇌수면에 해당되고 또 역설수면은 일부 근육긴장이 없어지는 점에서 체수면에 해당된다고 생각하고 있지만 그것은 피상적인 생각이다.

인간의 경우 서파수면에 비해서 역설수면시의 교감신경계는 훨씬 더 활발하게 작동되는 방향으로 움직이고 있으므로 에코노

〈표 15〉 두 종류의 수면과 동물성 및 식물성 기능과의 관계
(+, -는 유부, 증강, 감약 또는 상승, 하강을 표시한다)

	서파수면	역설수면
근긴장	+	-
코고는 것	+	-
이가는 것	+	-
몽유보행	+	-
자극감수성	+	-
성장호르몬분비	+	-
손의 피부온도	+	-
잠꼬대	±	+
야경증	±	+
야뇨증	±	+
급속안구운동	-	+
음경발기	-	+
천식발작	-	+
협심증발작	-	+
위산분비(12지장농양)	-	+
호흡, 순환기능	-	+
동물성 기능	+	-
식물성 기능	-	+

모가 말하는 체구면의 정의에는 들어맞지 않는다.

애당초 에코노모의 〈뇌〉와 〈체〉를 대립시키고 있는 의도에는 이원론적(二元論的)인 냄새가 풍긴다. 인간을 하나의 통일체로 보고 그 속에서 뇌가 체를 지배한다고 보는 입장이라면 서파수면이나 역설수면은 모두가 공히 뇌수면이라고 할 수 있을 것이다. 다만 신체적 및 내장적인 기능 중에서 어느 기능을 지배하는 뇌작용이 억제되느냐 하는 데에 두 가지 수면이 서로 다른 점이 있는 것이다. 여기에서 이 두 가지 종류의 수면 시에 나타나는

말초적인 현상을 〈표 15〉와 같이 정리해 보았다. 밑의 두 단은 위의 여러 가지 생리현상을 종합하여 동물성 및 식물성 기능으로 크게 나누어 본 것이다. 단, 상단 중앙의 "손의 피부온도"는 온도가 오르내리는 점에서 (+), (-)를 붙였지만 온도가 올라가는 것은 교감신경의 활동이 저하되기 때문에 일어나는 결과로 볼 수 있어서 식물성기능에 넣었고 그 부호도 역으로 되어 있음을 이해해 주기 바란다.

이와 같이 생각해 본다면 근육운동의 기능이 억제되지 않고 그대로 남아 있는 몽유(夢遊)보행을 하는 상태가 서파수면이라고 한다면 〈식물인간〉으로서 내장의 자율기능이 그대로 작동되면서 생명활동이 지속되는 상태가 역설수면이라고 할 수 있다. 또 자율기능이 식물성기능과 동의어라고 한다면 운동기능은 동물성 기능과 동의어가 된다. 그러나 에코노모식으로 억제되는 기능에 준해서 명명을 한다면 서파수면은 〈식물(성)수면〉이 되고 역설수면은 〈동물(성)수면〉이 되는 셈이다(현재에는 이 명명을 정반대로 하고 있다.)

여기에서 화제를 다른 곳으로 돌리자. 옛날부터 〈각성〉을 〈수면〉보다는 생명활동의 중요성으로 보아 일단 상위의 현상으로 취급하여 온 것이 사실이지만 수면에 관한 연구가 발전되면서부터 수면의 가치가 높아지기 시작하였다. 나 자신도 유아의 상태를 관찰 기록해 본 결과 각성과 수면은 서로 교체되는 일종의 생리 상태에 불과한 것으로서 같은 수준에서 평가되어야 함을 느낄 때가 있다. 다만 각성 상태는 외부로부터 오는 정보를 뇌 속에 받아들이기 쉬운 상태이고 수면 상태는 뇌의 정보처리 작업이 중단되면서 자극을 받아들이지 않는 상태일 뿐이라고 본 것이다.

한편 인간의 최고의 기능을 〈의식〉이라고 한다면 이 의식은 대뇌생리학적으로 밖으로부터 오는 자극에 대한 〈언어응답〉을 포함한 수의 운동(隨意運動)의 반응능력이라고 정의할 수 있다. 따라서 의식은 의식 그대로의 형태로는 연구할 수 없는 것이므로 나타나는 수의운동을 통하여 비로소 실증적인 연구 대상으로 삼을 수 있게 되는 것이다. 이때의 언어 응답은 말과 문자로 표현되는데 파블로프의 학설에 의하면 객관적인 정보수단이라고 할 수 있는 〈외언어〉와 뇌 속에서 사고의 수단으로 사용되는 〈내언어〉가 있다고 한다. 내언어는 학습(조건반사)에 의해 획득되어 기억으로서 뇌 속에서 명기되는 것인데 일상생활에서 인간은 사회 환경으로부터 받는 외언어 자극을 내언어로 취사선택하면서 〈의식의 자리〉에 저장해 두고 있다. 의식의 자리는 아직 분명하지 않지만 〈각성의 자리〉와는 다른 것이다.

인간을 하나의 통일체로 볼 수 있듯이 그 대표적 기능인 사고 활동을 맡아 보는 뇌를 역시 하나의 통일체로 볼 수가 있다. 뇌의 구조를 〈사적 유물론(史的唯物論)〉의 사회 구조에 비유하면 상부구조에 해당되고 뇌간부(腦幹部)의 작용인 각성과 수면 등의 생리적 기능은 토대에 들어간다(물론 이와 같은 분류는 뇌의 활동방법에 따른 것이지 결코 형태적으로 대응시킨 것은 아니다).

이상과 같이 생각해 본다면 뇌와 사회 구조와의 관계도 생리학적으로 비유해 생각할 수 있다. 사상, 제도 등 사회의 상부구조가 생산기구의 총화에 의해 규제되고 영향을 받듯이 의식이라는 상부구조는 그의 토대인 각성과 수면에 의해서 규제되고 영향을 받는 것이다. 그러므로 각성상태를 토대로 해서 비로소 의식은 의식 활동을 할 수 있고 토대가 수면으로 들어가 버리면 의식의 활동은 정지되거나 소멸되고 만다. 수면상태가 아직도 지속되고 있는 가운데 의식의 일부로서 〈기억〉이 재생되었다고 한다면 이것이 〈꿈꾸는〉 형상이며 그 후 각성되어 의식의 실천 단위인 언어로서 꿈꾼 내용이 표현되었을 때 그것이 〈꿈〉이 되는 셈이다. 그렇기 때문에 〈꿈꾸는〉 것은 토대에 속하고, 〈꿈〉은 상부구조에 속한다고 할 수 있다.

이와 같은 뇌의 상부구조와 토대와의 관계는 최근 임사의학연역에까지 응용되기에 이르러 이에 관한 연구결과가 확고한 기반을 갖게 되었다. 예를 들면 우울병의 본질적인 증상 또는 〈마음의 불안〉이 있게 되면 서파수면이 감소되고 또 확실하지는 않지만 정신박약자에게서 역설수면이 감소되는 현상이 나타나며 또 "정신분열증이라고 하는 것은 역설수면의 각성 상태 속으로 빠져 들어가는 것이다"라는 가설이 나올 정도로 상부구조의 의식의 이상(異常)과 토대인 수면의 이상과는 밀접한 관련이 있는 것이다. 불면증이라고 하는 토대의 이상은 본질적으로는 불면 노이로제인 경우가 많으므로 그 원인은 역시 상부구조의 이상에서 찾아야 될 것이라고 본다.

뇌의 토대가 되는 수면에 대해 좀 더 분석해 보면 각성이 안되기 때문에 의식 활동이 없는 식물인간과 같은 혼수상태에서 서파수면은 안 나타나지만 역설수면은 나타나는데 이것은 서파수면은 쉽게 가역적(可逆的)으로 각성상태로 변이해 갈 수 있는 조건이지만 역설수면은 인간 개체의 끈질긴 생명유지와 직결되는 조건이라는 사실을 암시해 주고 있는 것이다.

이상의 여러 가지 생각을 정리하여 하나로 모아 본 것이 〈그

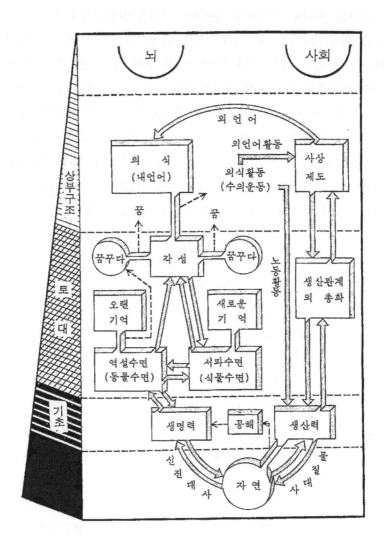

〈그림 31〉 뇌와 사회에 있어서의 윤회(수면의 위치를 표시)

림 31〉(개념도)이다. 이 그림을 설명하면 뇌의 기능적 토대인
〈수면〉은 서파수면(식물성 수면)과 역설수면(동물성수면)으로 나
누고 하루 24시간 중 서파수면과 역설수면이 차지하는 시간적
비율은 유아기 때는 1대 1(8시간 대 8시간)이지만 소년기부터
차차 서파수면이 많아져 청년기에는 3대 1로 안정되고, 그 사이
에 양자는 수면상태로서의 통일성을 갖게 된다. 이 수면은 다시
각성과 대립되어 각성과 수면의 시간적 비율은 유아기 때 1대
2(8시간 대 16시간)이던 것이 점점 각성 시간이 증가하여 청년
기가 되면 반대로 2대 1로 역전되면서 안정된다. 그리하여 결국
뇌기능의 토대로서 일생동안 통일성을 이루고 있게 된다.

　이 개념도의 토대 부분을 보면 하나의 회로(回路)가 형성되어
있음을 알 수 있다. 정상적으로 각성에서 역설수면으로는 직접
이행되지 않으므로 그 주류(主流)는 그림과 같이 우회전 방향으
로만 돌게 된다. 뇌를 동적(動的)인 모형에 비유해 본다면 상주
구조인 〈의식〉이라고 하는 하나의 고정된 접점(接點)에 대해 토
대인 각성, 서파수면, 역설수면 등의 세 개의 접점을 가진 실린
더가 회전하고 있다고 생각할 수 있다. 그리고 뇌는 하루의 리
듬에서 각성과 수면이 16시간 대 8 시간, 즉 2대 1로서 각성(의
식 활동)이 우세한 하나의 통일체로서 나선상의 발전을 일생동안
영위하고 있는 것이다. 그 동안에 뇌는 한편으로는 외언어의 활
동을 통하여 사회의 상부구조에 영향을 미치고, 또 노동활동을
통하여 생산력에 영향을 미치고 있다. 최근에 와서는 생산을 너
무 장려한 나머지 자연과 물질 대사와의 사이에 불균형이 생겨
"공해"를 자초하게 되었고 정도가 지나쳐 개체의 생명력에까지
악영향을 미치게 되었다.

　이에 반해서 사회의 상부구조에 있어서는 정보수단인 외언어를 매개체로 해서 개체의 뇌는 사상적으로 영향을 받게 되고 생산력과 자연을 매개체로 해서 생명유지에 필요한 물질적인 영향을 받게 되는 것이다. 이와 같이 뇌와 사회와의 하나의 윤회(輪回)를 형성하고 있으므로 그 중의 단 하나의 뇌, 즉 한 사람(개체)은 이윽고 소멸되어 가게 마련이지만 하나하나의 뇌의 활동에 의해서 남겨진 유산이 집적됨으로써 사회구조의 양(量)을 이루고 급기야는 질의 변화를 일으킴으로써 인류의 역사는 창조되어 온 것이다. "역사는 밤에 이루어진다."는 말도 있듯이 윤회 속에서 토대가 되는 인간의 수면은 각성과 동등한 수준에서 평가되어야 할 것은 물론이고 각성의 세계에서 인간의 외적인 면만이 너무 과대평가되어 온 우(愚)를 이 이상 더 범하지 말고 이제부터라도 심기일변(心機一變)하여 인간의 내재적인 면을 과학적으로 추구하는 일에 총매진하지 않으면 안 될 것이라고 생각한다.

마쓰모토 준지

역자 후기

"산에 가야 범을 잡고 잠을 자야 꿈을 꾼다. 꿈을 꿔야 〈님〉을 볼 것이 아닌가"

바로 이 〈님〉을 찾아 나는 얼마나 숱한 밤하늘을 허우적거렸던가. 잠만 자면 내 〈님〉을 만나 보는 것을 나는 그 머나먼 나그네 길을 방랑하여 온 것이다. 미국 미시건대학 신경해부학 연구실에서 박쥐의 동면기전(冬眠機轉)을 연구하면서부터 〈잠과 꿈의 미궁〉 속에서 스스로 놀라며 이 환상적이면서도 매력적인 과제에 추파를 던지면서 언젠가는 좀 더 접근해 보았으면 하는 집념 같은 것을 가져오던 터였다.

의학의 비조(鼻祖) 히포크라테스는 일찍이 웃고 골내고 사랑하고 기뻐하는 일, 심지어 눈물을 흘리는 일조차도 뇌가 있음으로써 가능하다고 말하였지만 지금은 잠자고 꿈꾸는 일을 부분적이긴 하지만 눈으로 볼 수 있고 조절할 수도 있게 되었다. 그러나 우리는 이 생리적 현상을 일생의 3분의 1(잠자는 시간)이란 긴 세월동안 즐기고 있으면서도 너무나 모르고 있었고 무관심해 온 것이 사실이다.

잠이란 무엇인가? 꿈이란 어떻게 생기는 것일까? 저자는 "잠이란 피로한 〈의식상태〉를 잠시 쉬게 하는 것" 그리고 "꿈은 자는 동안에 일어나는 조건반사"라고 대답해 준다. 이 가설을 증명하기 위하여 여러 모로 고차원(高次元)의 연구시설을 갖추고 대뇌생리학(大腦生理學)을 연구하여 오고 있으며 많은 연구업적을 내고 있다.

이 작은 번역서를 통하여 우리는 평온한 뇌파로 나타나는 서파수면(식물성 수면)과 각성했을 때의 뇌파와 똑같은 역설수면(동물성수면)에 관한 여러 가지 과학적이면서도 재미있는 사실들을 알 수 있으며, 과연 인간의 또 하나의 은폐되었던 진면목을 볼 수 있는 것이다. 탈고(脫稿)에 즈음하여 애당초 수면연구에 관한 한 미흡한 배경과 천박한 지식을 가지고 있는 역자로서 주저한 것은 사실이나 기왕에 동면의 신경해부학적인 기전과 생태—생리에 대하여 연구하고 있음 기화(奇貨)로 해서 스스로를 수양하고 격려하고자 하는 일념에서 번역에 착수한 것임을 말해 둔다.

〈님〉을 찾아 허우적거리던 손끝에 뭔가 잡히는 것이 있다. 이 꼬투리를 잡고 늘어지면 언젠가는 〈잠과 꿈의 미궁〉의 험로(險路)를 벗어나 푸른 하늘과 밝은 태양이 나의 선잠을 깨워줄 것으로 확신한다.

끝으로 이 번역서가 나오도록 배려해 주신 전파과학사의 손영수 사장님과 음양으로 도와주신 선후배, 동학 제현에게 심심한 감사를 드리며 계속 기탄없는 편달과 협조를 바라마지 않는 바이다.

오영근

잠이란 무엇인가

잠과 꿈의 세계를 더듬는다

1 쇄 1979년 09월 15일
9 쇄 2017년 03월 20일

지은이 마쓰모토 준지
옮긴이 오영근
펴낸이 손영일
펴낸곳 전파과학사
주소 서울시 서대문구 증가로 18, 204호
등록 1956. 7. 23. 등록 제10-89호
전화 (02)333-8877(8855)
FAX (02)334-8092
홈페이지 www.s-wave.co.kr
E-mail chonpa2@hanmail.net
공식블로그 http://blog.naver.com/siencia

ISBN 978-89-7044-014-9 (03400)
파본은 구입처에서 교환해 드립니다.
정가는 커버에 표시되어 있습니다.

도서목록

현대과학신서

도서목록
BLUE BACKS